KB018829

할아버지가 들려주는

물리의 세계

2

Spaß und Spannung mit Physik
by Thomas Ditzinger

할아버지가 들려주는 물리의 세계 2

초판 1쇄 발행일 2002년 3월 2일 **초판 8쇄 발행일** 2010년 6월 21일

지은이 토마스 디칭어 | **옮긴이** 권세훈
펴낸이 박재환 | **편집** 유은재 이지혜 이정아 | **관리** 조영란
펴낸곳 에코리브르 | **주소** 서울시 마포구 서교동 468-15 3층(121-842) | **전화** 702-2530 | **팩스** 702-2532
이메일 ecolivre@korea.com | **출판등록** 2001년 5월 7일 제10-2147호
종이 세종페이퍼 | **인쇄** 상지사 진주문화사 | **제본** 상지사

ISBN **89-90048-02-8 04420**
ISBN **89-90048-00-1 (세트)**

책값은 뒤표지에 있습니다. 잘못된 책은 바꿔드립니다.

지혜로움을 더하는 책들 1

할아버지가 들려주는

물리의 세계

2

토마스 디칭어 지음 | 권세훈 옮김

에코리브르

3. 하와이 해변에서의 하루

1권 차례

2. 비행에 대한 꿈

3. 하와이 해변에서의 하루

잠수함

폭포

거대한 파도

물을 비롯한 여러 가지 액체에 관한 실험

커피를 마실 때와 양치질할 때

“얀, 왜 그렇게 위를 쳐다보고 있니? 마치 금방 하늘에서 떨어지기라도 한 것 같구나.” 할아버지가 말한다.

“우리는 지금 막 로켓을 타고 여기 하와이에 착륙했어요. 그렇지요?” 착륙 때문에 상당히 어리둥절한 얀이 대꾸한다.

할아버지는 얀을 의아한 눈으로 바라보고 나서 어제의 서커스 관람이 그에게 무리가 아니었기를 바란다. “나는 아직 비행 접시를 본 적이 없어.” 할아버지가 대답한다. 이 순간 그는 얀의 마음을 이해하지 못한다.

얀은 비행 접시가 실제로 비행에 관한 자신의 꿈에 잘 어울렸을 것이라고 생각하며 다시 한 번 눈을 감는다. 그는 정말로 멀리 안개 속에서 비행 접시를 본다. 그러나 자세히 보니 그것은 할아버지가 들고 있는 커피잔 받침이다.

“비행 접시는 최소한 지금까지는 없단다.” 할아버지가 말한다. “혹시 언젠가는 우리 삶 전부가 비행 접시에 관한 꿈을 꿀 만큼도 성숙하지 못한, 어린아이의 꿈에 불과하다는 사실이 밝혀질지도 모르지. 어쨌든 너와 인류 전체가 화성인들이 오기 전에 성장하는 것도 나쁘진 않을 것 같다.”

얀은 할아버지가 숟가락으로 커피를 젓고 찻잔에 차가운 우유를 따르는 모습을 바라본다. 이때 찻잔 한가운데에 골이 깊은 소용돌이가 일어나는 이상한 현상이 눈에 띈다. 이것은 집에서도 쉽게 따라해볼 수 있다.

커피잔 속의 소용돌이

뜨거운 커피를 숟가락으로 천천히 저어본다. 그러면 커피잔 한가운데에 작은 소용돌이가 생긴다. 숟가락을 뺀 다음 소용돌이가 없어지고 커피가 전체적으로 회전할 때까지 기다린다. 커피잔 한가운데에 약간 차가운 우유를 천천히 따른다. 무슨 일이 일어날까? 골이 깊은 소용돌이가 중심에 일어난다.

차가운 우유는 뜨거운 커피보다 더 무겁다. 따라서 우유는 밑으로 가라앉는다. 약간 데워진 다음에는 측면으로 늘어나면서 한가운데에 소용돌이를 일으킨다.

그 이유는 차가운 우유가 뜨거운 커피보다 무겁기 때문이다. 따라서 우유는 가능한 한 빨리 밑으로 가라앉으려 한다. 밑에서는 그 사이에 약간 데워진 우유가 측면으로 늘어나기 시작한다. 이 때문에 소용돌이가 밑에서 확장되면서 커피 표면 한가운데에 소용돌이를 일으킨다. 차가운 우유 대신 뜨거운 우유를 따르면 묘기는 더 이상 일어나지 않는다. 뜨거운 우유의 경우 커피보다 더 가볍기 때문에 더 이상 밑으로 내려가지 않는다. 그래서 소용돌이는 곧 잦아든다.

물을 이용한 마술

할아버지는 즐거운 마음으로 얀과 함께 해변을 산책하려 한다. 그는 얀이 서커스 관람 후의 긴장을 풀 수 있도록 해변에서는 물리학

이야기가 나오지 않기를 바란다. 얀은 그 사이에 커피 때문에 꿈에서 깨어나 할아버지가 이를 닦는 모습을 바라본다.

"저도 묘기 하나를 알고 있어요. 이것은 물을 채운 양치질 컵과 코르크 마개를 이용한 묘기예요." 얀이 말한다.

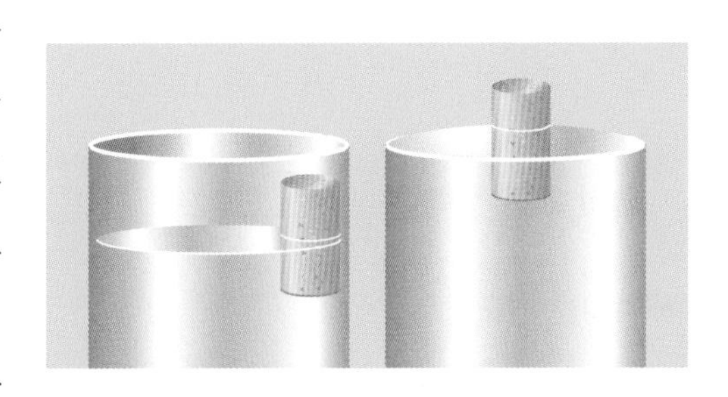

처음에 한가운데에 위치해 있던 코르크 마개는 늘 컵 가장자리로 헤엄쳐 나간다.

"컵 안에 코르크 마개를 집어넣겠어요. 그러면 그것은 마치 스스로 움직이듯이 가장자리로 헤엄쳐가요." 얀이 코르크 마개를 컵의 한가운데에 집어넣는다. 할아버지는 이것이 가장자리를 향해 일직선으로 움직이더니 결국에는 거기에 달라붙어 있는 현상을 놀라서 바라본다.

"손을 대지 않고 코르크 마개를 다시 컵의 한가운데로 보내서 거기에 머물러 있도록 만들 수 있는지 내기해요."

할아버지는 즉시 코르크 마개를 한가운데로 보내기 위해 입김을 분다. 그러나 입김을 멈추자 코르크 마개는 마치 유령의 손에 이끌리듯 다시 컵의 가장자리로 움직인다.

"자, 보세요! 이제 묘기를 보여드릴게요." 얀이 의기양양한 목소리로 말한다.

어제 서커스 단장의 공연을 옆에서 지켜본 뒤라 놀랄 만한 일도 아니다. 얀은 컵에 물을 조심스럽게 붓는다. 마침내 컵에 물이 가득 찬다. 물 몇 방울을 더 떨어뜨리자 컵 밖으로 흘러넘친다. 그러자 갑자기 코르크 마개가 저절로 컵 가장자리에서 움직이기 시작하더니 한가운데에 이르러 멈춘다. 이것을 본 할아버지가 박수를 치며 환호한다.

"내가 선원으로 돌아다니던 시절에 물을 이용한 묘기를 많이 보았

신기한 코르크 마개

컵 가장자리에 있는 코르크 마개를 중앙으로 보내기 위해 입김을 불어도 아무 소용이 없다. 컵에 물을 더 부은 다음에야 코르크 마개는 가운데로 움직인다.

지만 이 묘기는 처음이구나. 이러한 것들은 집안의 욕실에서 간단히 따라할 수 있을 거야. 예를 들어 면도날을 물에 띄워볼 수 있겠지. 그것이 물보다 훨씬 무겁기는 하지만."

물의 표면 장력

헤엄치는 면도날

세면대나 그릇에 물을 채운다. 작은 압지 위에 면도날을 올려놓는다. 이것을 물에 조심스럽게 띄운다. 이제 무슨 일이 벌어질까?

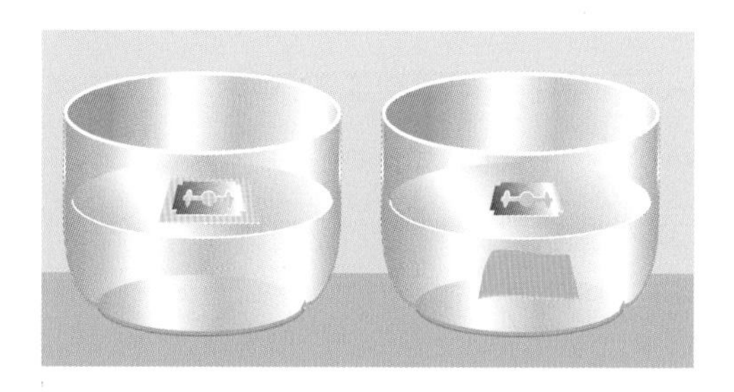

종이가 이미 가라앉은 다음에도 물보다 더 무거운 면도날은 가라앉지 않는다.

얼마 후 종이는 물에 젖어 밑으로 가라앉는다. 이와 달리 물보다 더 무거운 면도날은 계속 물 위에 떠 있다. 이 묘기는 클립, 바늘, 가벼운 금속 단추 등 다른 금속 물체를 가지고도 할 수 있다. 물의 표면에는 어느 정도의 무게를 견뎌내는 피막이 형성된다. 이 피막은 물 분자들이 서로 끌어당기는 작용을 통해 만들어진다. 이러한 현상은 물에 비누 조각이나 세제를 풀면 해소된다. 피막이 파괴되면서 금속 조각은 밑으로 가라앉는다.

물이 넘칠까

물잔에 물을 가득 채운다. 여기에 최소한 다섯 개의 동전을 집어넣어도 물은 넘치지 않을까?

동전을 하나씩 조심스럽게 물잔 속에 집어넣는다. 수면은 계속 상승하여 물잔의 원래 높이보다 더 올라온다. 이처럼 물이 부풀어오르는 현상 역시 물 분자들이 서로 끌어당기기 때문이다. 이것이 이른바 표면 장력이다. 물의 표면이 휘는 정도가 너무 심해지면 물이 넘친다. 이때 표면 장력은 부풀어오른 물의 표면을 지탱할 만큼 더 이상 강력하지 못하다. 물의 표면에 비누를 풀어도 물은 금방 넘친다.

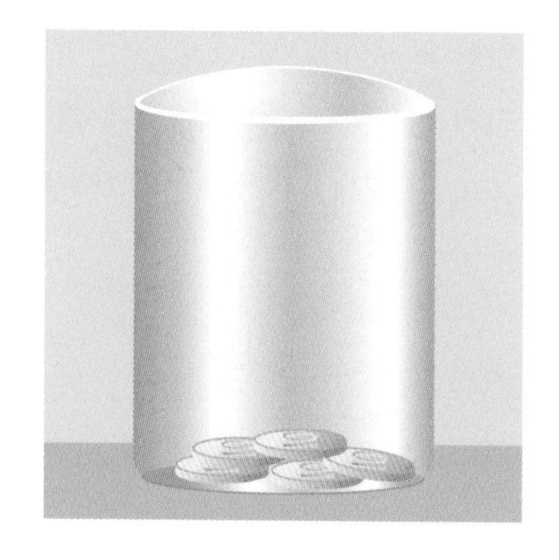

노끈의 묘기

이 인상적인 실험에는 물이 담긴 그릇과 노끈이 필요하다.

노끈의 양끝을 묶어 고리 모양으로 만든 다음 조심스럽게 물의 표면에 올려놓는다. 그리고는 비누 조각을 노끈 한가운데에 집어넣는다. 그 즉시 울퉁불퉁하던 노끈이 동그란 고리 모양으로 바뀐다. 그 이유는 물의 표면 장력이 없어지기 때문이다.

비누가 첨가되면 물 분자들은 더 이상 응집력을 잃고 분해된다. 이때 물 분자들이 노끈에 충돌하며 그것을 사방으로 균등하게 확장시켜 완벽한 원이 된다.

마술 성냥개비

먼저 평평하고 둥근 용기에 깨끗한 물을 채운다. 몇 개의 성냥개비를 물의 표면에 원형으로 펼쳐놓는다. 이때 성냥개비의 머리가 한가운데를 향하도록 한다. 그 다음에 용기의 한가운데에 각설탕을 집어넣는다.

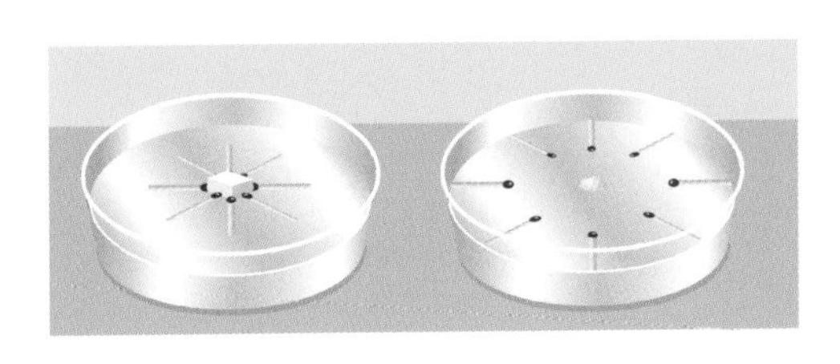

성냥개비들은 어떻게 될까?

모든 성냥개비들이 각설탕을 향해 움직인다. 이 묘기의 비결은 각설탕이 물을 흡수한다는 데 있다. 이 때문에 각설탕 쪽으로 흡인력이 생겨 성냥개비들을 끌어당긴다. 물 한가운데에 비누 조각을 집어넣으면 성냥개비들은 다시 흩어진다. 각설탕의 절반에 미리 비누를 섞어놓으면 멋진 장면을 연출할 수 있다. 즉 설탕이 움직이는 방향에 따라 성냥개비를 끌어당기기도 하고 밀어내기도 한다.

비누를 이용한 로켓 엔진

이제까지의 실험에서 얻은 지식을 활용하면 간단한 로켓 엔진을 제작할 수 있다. 주머니칼이나 가위로 성냥개비의 끝 부분을 조심스럽게 쪼개고 그 틈새에 연료로 쓰일 비누 조각을 끼워넣는다. 이로써 물 로켓은 출발 준비가 끝난다.

성냥개비를 물의 표면에 올려놓자마자 한동안 빠르게 전진 운동을 한다. 추진력은 세제가 비누보다 더 낫다. 욕조 · 호수 · 시냇물 등에서는 로켓 모양으로 만든 커다란 나무토막으로 환상적인 경주를 벌일 수 있다. 경주용 보트의 엔진은 로켓의 경우와 똑같다. 틈새에 들어간 비누나 세제는 물 속에서 녹으면서 표면 장력과 응집력을 파괴한다. 따라서 물 분자들은 흩어지려고 한다.

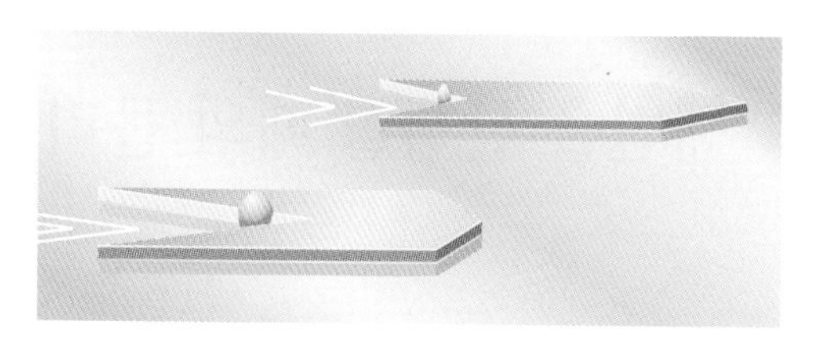

긴 나무 토막의 한 끝을 뾰족하게 파낸 다음 그 사이에 비누를 집어 넣으면 나무토막은 물 속에서 전진 운동을 한다. 추진력은 세제가 비누보다 더 낫다.

이때 유일한 출구는 뒤편으로 개방된 쐐기이다. 로켓의 경우와 마찬가지로 나무토막은 이에 상응하는 반작용의 힘을 얻어 앞으로 나아간다.

해변을 산책할 때의 물리학

얀과 할아버지는 아침 볼 일을 마친 다음 기분 좋게 해변으로 산책을 나갔다. 그들은 산책로 바로 옆에 빨간색 페라리 자동차가 서 있는 것을 본다. 조수석에는 고양이 한 마리가 아침이 된 줄도 모르고 자고 있다. 아니나 다를까, 모르는 것이 없는 서커스 단장이 해변에서서 햇빛을 받으며 잔잔한 바다를 바라보고 있다.

바다에는 들보가 있다

"안녕하세요, 이렇게 다시 만나게 되다니 정말 뜻밖입니다. 오늘은 쉬는 날이에요." 단장이 두 사람에게 말한다.

그러면서 그는 서너 개의 작은 돌로 물수제비를 뜬다. 그가 던진 돌은 수면에 여러 번 튀기며 앞으로 나아간다. 돌은 수면에 닿자마자, 마치 물이 딱딱한 바닥이라도 되는 양 다시 위로 튀어오른다. 이러한 동작이 여러 번 반복된다. 가끔 그의 돌은 다섯 번 이상 튀기기도 한다.

"이것은 도대체 어떻게 가능하죠?" 얀이 알고 싶어한다.

"이 묘기는 나의 애완 동물이 개가 아니라 고양이이기 때문에 가능할 뿐이에요. 개라면 벌써 물 속에 뛰어들어 돌을 집어오려고 했을지도 모르지요. 돌이 튀어오르는 이유를 알고 싶다면 그거야 간단합니다. 약간의 연습과 동글납작한 돌만 있으면 되거든요. 그 돌을 빠른 속도로 평평하게 던지는 것이 가장 좋아요. 물은 공기와 기체처럼 미세한 수많은 분자로 이루어져 있어요. 이것들은 기체 분자와 달리 서로를 끌어당깁니다. 이처럼 끌어당기는 힘은 물의 표면 장력으로 나타나요. 돌은 빠른 속도로 물의 표면에 닿는 순간 이것을 벽으로 간주합니다. 돌은 물 분자들 사이에서 밑으로 가라앉을 충분한 공간을 확보하기도 전에 다시 위로 튀어오르는 겁니다."

물 분자
물은 기체 분자와 달리 서로 쉽게 결합하는 수많은 작은 분자들로 이루어져 있다. 이것은 물의 표면 장력으로 나타난다.

"아하, 그래서 사람들이 바다에는 들보가 있다고 말하는군요." 할아버지가 자신의 생각을 말한다.

젊은 시절 몇 년 동안 선원 생활을 했던 할아버지는 물에 관한 한 전문가라고 생각한다. 그런 까닭에 할아버지는 말을 계속한다. "빠른 속도로 물에 떨어지면 이러한 들보를 항상 느끼게 되지요. 1m 높이의 스프링보드에서 잘못 다이빙하여 우리 몸 중 배가 먼저 물에 닿게 되면 물의 표면 장력 때문에 심한 고통을 느끼지요. 아무런 고통도 없이 산뜻하게 물에 떨어지기 위해서는 가능한 한 물과의 접촉면을 줄여야 해요. 그래서 쐐기 형태가 가장 좋아요. 물의 표면과의 접촉이 쐐기 형태일수록 그 지점의 압력은 더 많아지지요. 이를 통해 표면 장력이 극복돼요."

수상 스키는 어떻게 가능할까

얀은 그 사이에 바다에 돌을 던지는 일을 그만두었다. 그 대신에 그는 매우 특별한 곤충, 즉 소금쟁이를 발견했다. 다이빙 선수에게는 위험한 것이 이 곤충의 생존에는 매우 중요하다. 물의 표면 장력으로 인하여 이 곤충은 물 위를 걸어다니면서 먹이를 찾는다. 표면 장력의 주제에서 벗어나려는 참에 마치 우연인 것처럼 어떤 사람이 보트가

물의 표면 장력 때문에 소금쟁이는 밑으로 가라앉지 않고 수면 위를 산책할 수 있다.

끄는 수상 스키를 타고 지나간다.

"저것 좀 보세요. 저 사람도 물의 들보 위를 지나가요." 얀이 소리치는 바람에 고양이마저 고개를 들고 쳐다본다. 고양이는 원래 물에 관심이 없다. 고양이는 물을 싫어한다. 물론 어항 속에 든 금붕어를 잡아먹을 때는 예외이다. 다시 잠에 빠져든 고양이는 물의 표면 장력에 관한 다음과 같은 이야기를 듣지 못한다.

물질의 삼태

물질의 삼태에 따라 물 분자들은 서로를 끌어당기는 정도가 다르며 상이한 밀도를 지닌다. 고체 상태에서는 분자들 사이에 끌어당기는 힘이 강해서 격자 구조로 배열된다. 액체 상태에서 개별적인 분자들은 더 높은 운동에너지를 지니며 따라서 더 독립적으로 움직인다. 그럼에도 불구하고 아직 분자들은 서로를 강하게 끌어당긴다. 그래서 물은 응집력이 있으며 강한 표면 장력을 지니고 있다.

그러나 기체 상태에서 분자들은 에너지가 풍부하고 빨라서 다른

정보상자

수증기와 얼음

물에 열을 가하면 끓기 시작하면서 수증기가 발생한다. 수증기는 기체이다. 예를 들어 냉장고에서 물을 식히면 물은 고체인 얼음이 된다. 이러한 여러 가지 상태(고체 · 액체 · 기체)를 '물질의 삼태' 라고 한다. 이미 알다시피 모든 물질은 수많은 미세한 부분들, 즉 분자로 이루어져 있다. 이러한 분자들은 물질마다 특정한 화학 구조를 지니고 있다. 가령 물 분자는 두 개의 수소(원소기호 : H)와 한 개의 산소(원소기호 : O)로 이루어져 있다. 따라서 물은 H_2O로 나타낸다. 이러한 체계는 프랑스 화학자 앙트완 로랑 라부아지에가 만들어냈다.

분자들과의 상호 작용은 점점 줄어든다. 이 분자들은 독립적으로 움직인다.

분자들을 끌어당기는 힘

물질의 삼태는 분자 차원에서 이해할 수 있다. 고체 상태에서는 격자를 이루는 분자들이 서로 끌어당기는 힘이 매우 강하다. 따라서 이 분자들은 탄력적이며 외부 힘의 영향을 받았을 때에도 가능한 한 형태와 부피를 유지하려고 한다. 이와 반대로 기체는 또 다른 극단이다. 기체 분자들은 자체적인 결속력이 없다. 따라서 이 분자들은 원래의 형태를 유지하려 하지 않는다. 그래서 이 분자들은 주어진 공간을 균등하게 채운다. 기체는 가능한 한 멀리 그리고 균등하게 스스로를 확장시키려는 성질을 가지고 있다. 기체의 부피는 외부 힘으로부

앙트완 로랑 라부아지에
(1743~1794)
프랑스 화학자 앙트완 로랑 라부아지에는 1743년 8월 26일 파리에서 태어났으며 다방면에 재주가 많았다. 그는 지질학과를 졸업했으며 농업과 파리의 도로 조명 개선에 관한 논문을 발표했다. 또한 그는 경제학자와 국가 공무원으로 활동하기도 했다.
그는 연소, 호흡, 물의 결합 구조 등에서 산소의 중요한 역할을 발견했다. 더 나아가 그는 화학에 관한 당시의 지배적인 세계상을 반박했다. 이 세계상은 가연성 물질에 포함되어 있다는 플로지스톤이라는 이름의 불가사의한 원소에 기반을 두고 있었다.
프랑스 혁명의 소용돌이 속에서 그는 결국 부당하게도 단두대에서 삶을 마감했다. 그에 대한 재판은 채 하루도 걸리지 않았다. 사형 선고를 받았을 때 그는 자신의 과학 논문을 끝마칠 수 있도록 집행을 연기해 달라고 요청했다. 그러나 판사는 "공화국에는 과학자가 필요없다"라는 유명한 말과 함께 그의 요청을 거부했다.

터 영향을 받으면 가변적이 된다. 즉 외부의 압력이 강할수록 기체의 부피는 줄어든다. 이러한 압력에 상응하는 기체의 압력은 물질의 삼태에서 생성된다.

압축 불가능성

액체는 이 두 극단 사이에 놓여 있다. 이것은 매우 간단하게 자신의 형태를 변화시키지만 부피는 변하지 않는다. 부피를 유지하는 이러한 특성을 액체의 압축 불가능성이라고 한다. 물질의 삼태에 따르는 여러 가지 상호 작용을 통해 각 상태의 밀도와 무게도 설명할 수 있다. 일반적으로 고체 상태의 밀도가 가장 높으며 무게도 으뜸이다. 그 뒤를 액체 상태가 뒤따른다. 기체 상태는 여기에 훨씬 못 미친다.

경기장 안에서의 물질의 삼태

"물질의 삼태에 따른 분자들의 움직임은 축구 경기장 안에서의 움직임과 비교 가능하지요." 단장이 말한다.

"경기 도중에 모든 관중은 일반적으로 미리 정해진 입석이나 좌석에서 별로 움직이지 않습니다. 기껏해야 파도타기 응원을 할 때나 아니면 팝콘을 사기 위해 움직이는 정도이지요. 관중들은 고체의 개별적인 분자들과 똑같이 행동합니다. 경기가 끝나면 관중들은 각자 가능한 한 빨리 경기장을 빠져나가려고 하지요. 경기 도중의 질서 정연함은 갑자기 강력한 운동으로 바뀝니다. 관중들은 주차장으로 가거나 대중 교통 수단을 이용하기 위해 출구로 몰립니다. 하지만 좁은 통로와 출구로 인해 자주 길이 막힙니다."

"이것은 액체의 경우와 똑같군요." 얀이 말한다.

"맞아요. 액체도 이와 똑같습니다. 고체의 격자가 열리고 개별 분자들은 이제 자체적으로 움직입니다. 그럼에도 불구하고 분자들은 아직은 서로 끌어당깁니다. 이것은 축구 관중들이 개별적으로 심판의 잘못된 판정에 대해 욕하는 것과 똑같습니다."

개별적으로 끌어당기는 힘
분자들이 개별적으로 커다란 운동을 하면서 서로 끌어당기는 힘은 액체의 특성을 갖게 한다.

"기체 상태는 어떻게 보일까요?" 할아버지가 질문한다.

"관중들이 경기장을 떠나 자동차에 앉는 순간 기체 상태가 됩니다. 그들은 빠른 속도로 흩어지기 시작해서 축구 관중이 아닌 사람들과 섞입니다. 이것은 기체의 경우와 똑같아요. 분자들은 에너지가 풍부해서 독립적으로 가용 공간을 이리저리 날아다니지요. 빠른 속도에서는 개별적인 분자들 사이의 상호 작용을 별로 기대할 수 없어요. 따라서 개별적인 기체 분자들은 서로를 끌어당기지 않습니다. 기체의 밀도는 매우 낮아요. 축구 경기가 끝난 뒤의 관중들과 똑같지요. 왜냐하면 다른 운전자들과의 접촉과 의사 소통이 가능하지 않기 때문입니다. 유일한 상호 작용은 여러 가지 종류의 신호나 손짓(노골적이면서 기분이 안 좋은 일이지만) 그리고 교통 사고를 통해 이루어집니다."

물은 홀로 있지 않으려 한다

"물은 왜 오랫동안 홀로 있지 않을까요?" 얀이 대양을 떠올리면서 묻는다.

"예를 들어 금방 요리한 스파게티를 한동안 냄비 안에 놔두면 물이 바닥에 고입니다."

"맞아요." 할아버지가 말한다. "사우나에서도 그래요. 수많은 작은 땀방울들이 모여서 금방 땀줄기가 되지요."

"그것은 아주 간단해요." 단장이 말한다. "물은 스스로를 끌어당깁니다. 이것은 돈과 같아요." 이때 그는 의식적으로 자신의 페라리를 쳐다보지 않으려 한다. "돈이 없는 사람은 새로 돈을 얻기가 힘들기 때문에 열심히 일해야 합니다. 그러나 돈이 많은 사람은 돈이 돈을 벌게 합니다. 돈은 거의 저절로 늘어납니다. 물이 모이는 것도 이러한 이치와 같습니다. 작은 웅덩이는 말라버리고 물방울은 강으로 흘러듭니다. 이것은 다시 커다란 호수나 바다로 흐릅니다. 이와 관련하여 집에서도 따라할 수 있는 몇 가지 시범을 보여드릴까 합니다."

물은 홀로 있지 않으려 한다 – 증거

1단계

플라스틱 병이나 통조림 깡통의 아래쪽 측면에 못으로 다섯 개의 구멍을 뚫는다. 이 구멍들은 0.5cm의 간격을 유지하도록 한다.

2단계

이 용기를 수도꼭지 밑에 세워놓고 물을 튼다. 물은 처음에 다섯 개의 구멍에서 균등하게 흘러나온다. 각각의 구멍에서 나온 물줄기는 서로 다른 방향을 향한다. 용기에 손을 대지 않고서도 이 다섯 개의 물줄기를 하나의 커다란 물줄기로 합칠 수 있다.

3단계

이 신통한 묘기는 다섯 개의 물줄기를 손가락을 이용하여 결합시키는 방법으로 이루어진다. 물을 다시 흐르게 하면 다섯 개의 물줄기는 마치 들러붙듯이 하나의 커다란 물줄기로 '동여매진다'. 물줄기들은 물 분자들이 서로 끌어당기는 힘으로 인해 원래의 방향에서 빗나간다. 다섯 개의 구멍에서 흘러나오는 물줄기를 손가락으로 가로질러도 똑같은 묘기를 보여줄 수 있다. 물줄기들은 놀랍게도 하나로 합쳐진다. 손가락으로 위에서 아래로 훑어내리면 물의 매듭은 다시 풀어진다.

동여맨 물줄기

다섯 개의 구멍에서 흘러나오는 물줄기를 손가락으로 가로지르면 물줄기들은 놀랍게도 하나로 합쳐진다. 이러한 현상은 물 분자들이 서로 끌어당기는 힘 때문에 일어난다.

물이 우편엽서를 끌어당긴다

액체는 다른 물질도 끌어당긴다. 예를 들어 우편엽서와 같은 종이도 끌어당긴다.

이 실험에는 물을 가득 채운 컵과 우편엽서가 필요하다

엽서를 물의 표면에 올려놓는다. 엽서를 들어올려 보자. 결코 간단하지 않다. 이것은 엽서 위에 점점 더 많은 동전을 올려놓는 방법으로 실험해볼 수 있다. 상당히 많은 동전을 올려놓은 다음에야 엽서가 밑으로 가라앉는다. 이러한 현상은 물과 종이 분자들 사이의 끌어당기는 힘 때문에 일어난다. 이러한 힘을 점착(粘着)이라고 한다. 실험을 다시 한 번 해보자. 이때 동전 몇 개를 엽서 위에 올려놓은 다음 주방 세제 몇 방울을 물에 떨어뜨려 보자. 엽서는 금방 균형을 잃고 밑으로 가라앉는다. 주방 세제는 점착 효과를 현저하게 감소시킨다.

점착이란 무엇일까

물리학적으로 점착('달라붙다'는 의미의 라틴어 'adhaerere'에서 유래)은 분자들이 서로 끌어당기는 힘에 의해 물질들이 달라붙는 현상을 말한다.

텐트에 떨어지는 빗방울

텐트를 준비하여 여행을 떠날 때 때때로 비가 내리는 경우가 있다.

텐트는 일반적으로 통풍을 위해 구멍이 많이 뚫린 합성 섬유로 만든다. 그런데 왜 빗방울이 텐트 안으로 스며들지 않을까?

그 이유는 간단하다. 물의 표면 장력은 빗방울이 정상적으로는 텐트 안으로 스며들지 않을 만큼 크다. 하지만 손가락으로 텐트의 한 곳을 한동안 누르면 누수가 일어난다. 표면 장력이 극복되었기 때문이다. 텐트의 이 부분은 다시 마를 때까지 방수가 안 된다. 똑같은 이유로 물을 여과기에 조심스럽게 따를 때 물방울이 생긴다. 또한 빗방울은 우산 안으로 스며들지 않는다.

물은 도처에 있다

단장이 시범을 보이는 동안 할아버지는 지금쯤 집에서 눈을 치우고 있을 친구들을 생각한다. 그곳은 바로 겨울이기 때문이다. 여기 하와이는 습도가 매우 높다. 심지어 바다는 안개에 싸여 있다. 할아버지의 안경은 수증기 때문에 희뿌옇다. 어쨌든 하늘에는 구름 한 점 없다. 오늘은 비가 내리지 않을 모양이다. 기분 전환을 위해 세 사람은 얼음을 띄운 물을 마시며 물이 삶과 지구를 위해 얼마나 중요한 것인가를 생각한다. 우리의 삶에 중요할수록 그것에 관한 용어도 다양하다. 예를 들어 에스키모인들은 눈에 관한 다양한 용어를 사용하며, 영국인들은 비와 안개에 관한 다양한 용어를 사용한다.

비눗방울

비눗방울의 피막은 기체 분자들이 서로 끌어당기는 강력한 힘에 의해 생성된다. 비눗방울은 물과 세제를 3 대 1의 비율로 혼합하여 만들 수 있다. 이 비눗물에 철사 고리를 담갔다 뺀 다음 입김을 불면 아

물의 다양한 형태
물은 물리학적으로 눈 · 안개 · 수증기 · 얼음 · 우박 · 비와 같은 다양한 형태로 존재한다.

름다운 공 모양의 비눗방울이 생긴다. 물론 비눗방울의 피막이 인상적이다.

이와 관련한 실험에는 길고 평평한 수조, 대걸레 자루, 압핀, 끈, 무거운 물체 두 개, 글리세린, 수동 보링 머신 등이 필요하다.

글리세린은 어디에서 구할까

글리세린은 약국에서 싸게 구입할 수 있다. 글리세린은 물론 눈에 들어가지 않도록 조심해야 한다.

1단계

대걸레의 자루 양끝에 조심스럽게 구멍을 뚫는다. 구멍마다 2m 길이의 끈을 집어넣고 끝에 매듭을 만든다.

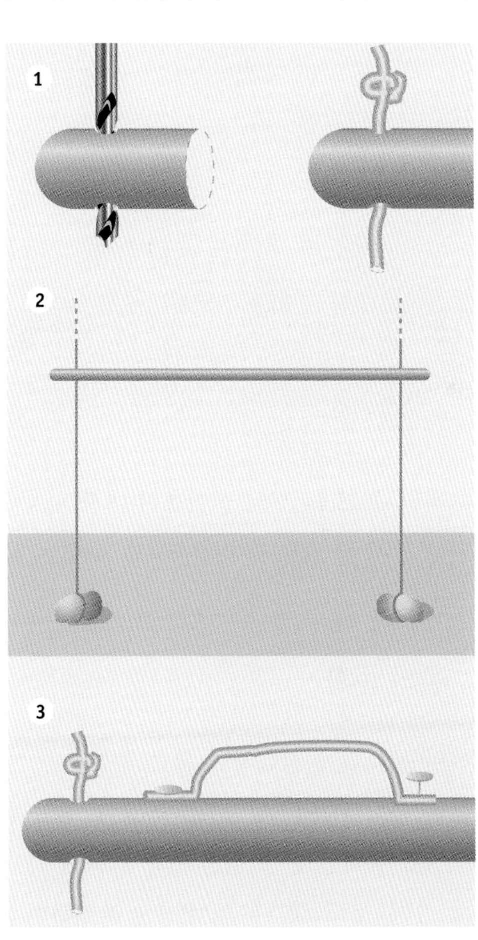

2단계

줄의 양끝을 문틀이나 샤워실 커튼 막대기에 고정시킨다. 줄의 다른 쪽 양끝에는 돌덩이 같은 무거운 물체를 매단다. 이때 물체가 바닥에 닿은 상태에서 줄이 팽팽해야 한다.

3단계

대걸레 자루 위에 끈으로 두 개의 손잡이를 만들어 압핀으로 고정한다. 그리고 양끝에

특수 혼합

이 실험에 필요한 액체 혼합물은 물 세 컵, 세제 한 컵, 글리세린 세 컵을 섞어 만든다.

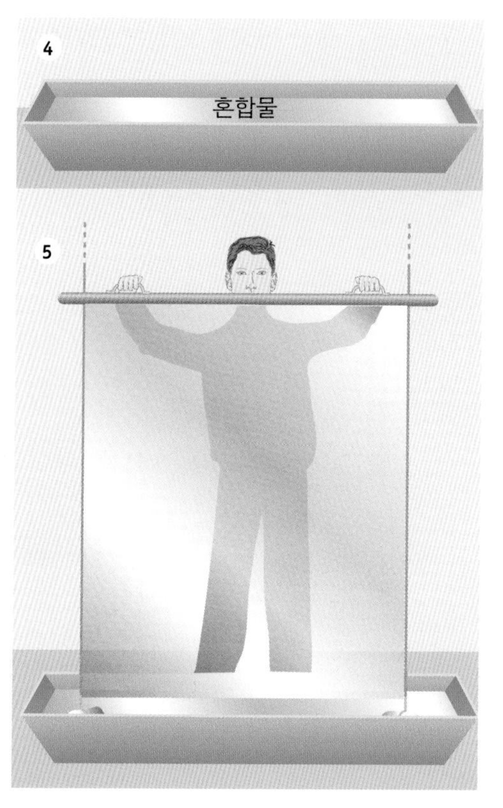

매단 무거운 두 물체를 수조 안에 집어넣는다.

4단계

물 세 컵, 세제 한 컵, 글리세린 세 컵 분량으로 특수 혼합물을 만들어 골고루 젓는다. 그리고 이 혼합물을 수조에 붓는다.

5단계

대걸레 자루 전체를 수조에 담근다. 그리고 두 손잡이를 조심스럽게 위로 끌어올린다. 그러면 수조에서부터 끌어올린 대걸레 자루 높이까지 비누벽이 생겨난다. 자루를 위로 끌어올릴수록 이 벽은 점점 더 높아진다.

물의 순환

외부의 힘이 작용하면 물은 운동한다. 바람, 밀물과 썰물, 태양의 온기 등도 외부의 힘이 될 수 있다. 물은 끊임없이 움직이는데도 불구하고 수백만 년에 걸친 지구 발전의 역사에서 항상 균형을 유지하고 있다. 물의 대부분은 대양에 존재하며 그 나머지 부분은 우리 삶

정보상자

처음에는 물이었다

물은 지구에서 가장 흔히 등장하는 요소이다. 물은 강물 · 폭포 · 호수 · 빙하 · 빙산 · 대양 등의 형태로 도처에 존재한다. 또한 구름 · 우박 · 얼음 · 눈을 비롯하여 모든 음료수와 식료품에도 물이 포함되어 있다. 지구 표면의 71%가 물로 덮여 있기 때문에 우주에서 바라보면 지구는 파란 행성이다. 생명도 물에서 생겨났다. 심지어 우리 자신도 대부분은 물로 이루어져 있다. 지구에 존재하는 물 전체의 양은 엄청나다. 그 양은 대략 14억km^3이다. 지구가 완벽한 공 모양이라면 지구 전체는 3km 깊이의 거대한 대양으로 뒤덮여 있을 것이다. 다행히도 우리에게는 많은 양의 물을 받아들이는 지하수 웅덩이와 수면 위에 마른 상태로 존재하는 산맥과 대륙이 있다. 이처럼 엄청난 물 중에서 97.2%는 대양을 이루고 있다. 또 다른 2.15%는 빙하 · 빙산 · 빙원과 같은 얼음 상태로 존재한다. 나머지 0.65%만이 호수 · 강 · 지하수 · 대기 등에 존재한다. 이것은 물론 여전히 엄청난 양으로서 840만km^3에 이른다.

에 결정적으로 중요한 물의 순환에 관계한다.

대양의 물은(육지에 존재하는 물의 일부분을 포함하여) 태양열로 데워져 수증기가 되어 대기 중으로 증발한다. 바람이 이 축축한 공기를 상당히 멀리까지 운반한다. 그 사이에 수증기는 다시 식으면서 응축하여 액체, 심지어는 고체가 된다. 이 과정에서 구름이 형성되며 결국에는 비 · 눈 · 우박 · 싸락눈 · 안개 등의 형태로 발전한다. 이것이 대양 위로 떨어지면 물의 순환이 끝난다. 반대로 물이 육지에 떨어지면 먼저 바다로 돌아가는 길을 찾아야 한다.

이때 물은 어떤 가능성들을 가지고 있을까?

물을 이동시키는 추진력은 중력이다. 물의 일부는 땅에 스며들어 지하에서 길을 찾아 지하수 · 호수 · 강물 · 바다로 흘러들어간다. 지표면이 받아들일 수 있는 양보다 강수량이 더 많을 경우, 물은 산 아래쪽으로 내려와 하천 · 강 · 호수로 흘러들어간다. 이 과정에서 물은 폭포, 사행천 등의 신기한 구조를 만든다.

물은 대양 · 대기 · 육지 사이에서 끝없이 순환한다. 이러한 엄청난 순환 체계는 태양 에너지에 의해 유지된다.

홍수

홍수는 많은 강우량을 비롯하여 눈과 얼음이 녹거나 강물의 역류로 인해 물길이 자연적인 하상을 넘어설 때 발생한다. 인위적으로 하천을 일직선으로 만드는 것도 홍수가 일어날 위험을 가중시킨다.

강의 굴곡

왜 강에는 거의 항상 굴곡이 있을까? 굴곡 형태가 더 안정적이기 때문이다.

강에 일단 작은 굴곡이 형성되기만 하면 그것은 스스로 점점 더 커다란 굴곡이 된다.

원심력으로 인하여 물은 굴곡의 안쪽보다 바깥쪽에서 더 빨리 흐른다. 따라서 물은 그곳에서 더 커다란 힘으로 하상의 바윗돌에 부딪히면서 그것을 더 쉽게 침식시킨다. 이런 식으로 분해된 바윗돌이나 모래는 굴곡의 안쪽에 우선적으로 쌓이며 이곳의 물은 뚜렷하게 더 천천히 흐른다. 그런 까닭에 바깥쪽의 바닥은 깊어지는 반면에 안쪽의 바닥에는 토사가 쌓인다. 강의 전체적인 너비는 변화하지 않은 상태에서 굴곡은 점점 더 커진다.

지리학에서는 여러 개의 굴곡을 지닌 강을 사행천이라고 한다.

드문 경우지만 환상적인 새로운 강의 형태가 생겨나기도 한다. 예를 들어 급경사로 인해 빠른 유속을 지닌 경우에 강은 더 이상 원래의 굴곡을 따라 흐르지 못할 수도 있다.

이에 대해서 자연은 단순하지만 절묘한 해결책을 찾아낸다. 즉 강은 반대 방향으로 굴곡을 만들어 물이 소용돌이 속에서 제동이 걸리도록 한다. 때때로 물은 몇 번 회전을 한 다음에야 뒤따라 흐르는 새로운 물의 상부 내지는 하부에서 여행을 계속한다.

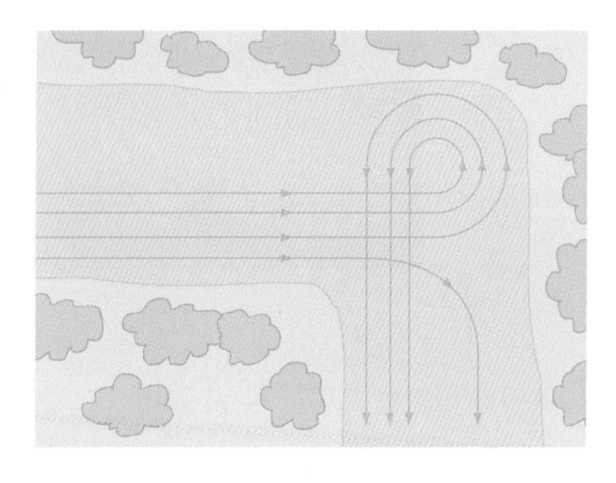

원심력은 물이 굴곡의 안쪽보다 바깥쪽에서 더 빨리 흐르도록 작용한다.

정보상자

나이아가라 폭포

폭포는 어떻게 생성될까?

나이아가라 폭포는 다른 많은 폭포와 마찬가지로 하상의 특별한 성질에 의해 생성된 것이다. 폭포는 두 개의 상이한 바윗돌 층으로 이루어져 있다. 위에는 매우 딱딱한 층이 자리잡고 있다. 그 밑은 더 연한 바윗돌로 이루어진, 물에 저항하는 힘이 더 약한 두 번째 층이 놓여 있다. 따라서 먼저 이 층이 물에 의해 해체되어 쓸려나간다. 이를 통해 딱딱한 상층은 점점 더 파이고 마침내는 무너져내린다. 이 과정에서 폭포의 모서리가 생겨난다.

밑으로 떨어지는 물로 인해 연한 하층은 계속 쓸려나가고 거기에 접한 딱딱한 조각들이 무너진다. 따라서 폭포의 위치는 강의 상류 쪽으로 계속 올라간다. 나이아가라 폭포의 모서리는 맨 처음 생성된 이래로 상류 쪽으로 벌써 11km나 올라가 있다.

증발

물의 대부분은 강이나 호수에서 이미 대기 중으로 증발한다. 얼마 안 되는 나머지 부분만이 물길을 따라 바다로 되돌아간다. 이러한 복잡한 물 흐름의 균형은 지난 수백만 년 동안 전혀 깨지지 않고 있다. 대양의 표면은 빙하 시대를 제외하고는 매우 일정하다. 이것은 매우 놀라운 일이다. 왜냐하면 아주 작은 온도 차이에도 극지방의 얼음이 녹거나 증가하기 때문이다.

다음의 표는 이러한 경이로운 균형, 즉 물 순환의 대차대조표에 관한 1년간의 통계를 보여준다(단위: km^3, 조사 기간 : 1년).

대양의 대차대조표	대륙의 대차대조표
− 320,000 증발량	− 60,000 증발량
+ 284,000 강수량	+ 96,000 강수량
− 36,000	+ 36,000

이에 따르면 육지는 강을 통해 3만 $6,000km^3$를 다시 바다에 내준다. 이것은 1년 동안의 육지 강수량의 3분의 1에 해당한다.

물의 순환은 간단하게 실험해볼 수 있다. 열기는 물의 증발에, 냉기는 응축과 그 다음에 이어지는 강수에 기여한다.

욕실에서의 물의 순환

이 실험에는 플라스틱 병, 너비가 좁은 용기(예를 들어 알루미늄 형태의), 구두 상자, 철사 또는 끈, 접착 테이프 등이 필요하다.

1단계

알루미늄 용기를 상자 앞에 놓는다. 플라스틱 병을 끼워 넣을 수 있도록 철사 두 개를 구부린다.

2단계

접착 테이프로 철사를 구두 상자 위에 고정시킨다. 플라스틱 병을 철사에 끼워넣은 다음 알루미늄 용기에서 20cm 정도 위에 위치하도록 한다. 플라스틱 병은 끈으로 고정할 수도 있다.

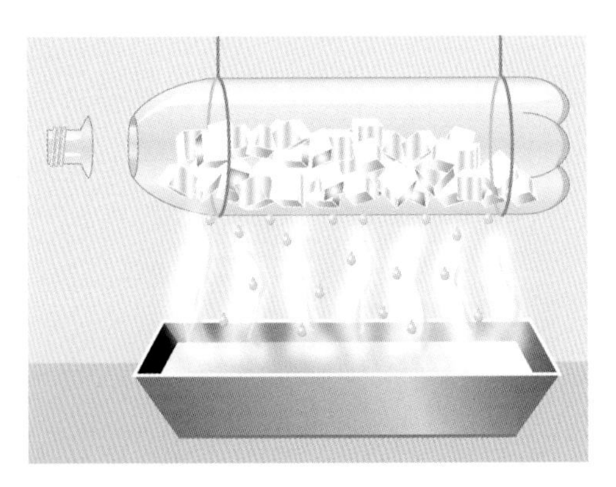

얼음 조각을 채워넣은 이 병이 따뜻한 물 위에서 구름 역할을 한다.

3단계

병의 목을 가위로 자른다. 얼음 조각을 병에 채워넣는다. 이것이 구름 역할을 한다.

4단계

물을 데운 다음 알루미늄 용기에 붓는다. 이 실험을 화려하게 꾸미기 위해 전경(예를 들어 산이나 나무들)을 그려서 알루미늄 용기 뒤에 세워놓을 수도 있다. 열이 가해진 물의 일부는 마치 바다에서처럼 알루미늄 용기에서 증발하여 수증기가 되어 위로 올라간다. 차가운 플라스틱 병에 닿은 이 증기는 다시 냉각되어 물방울로 응축된다. 이 물방울들은 결국 플라스틱 구름에서 떨어져 다시 밑으로 내려온다. 비가 내리는 것이다. 이러한 과정은 알루미늄 용기 속의 물이 차가워져서 증발되지 않을 때까지 계속된다.

간단한 구름 실험

이 간단한 실험에는 내열성이 강한 유리 용기, 얼음 조각이 들어 있는 그릇, 뜨거운 물 등이 필요하다.

1단계

뜨거운 물을 천천히 조심스럽게 용기에 붓는다. 용기에서 금방 수증기가 올라온다.

2단계

용기 위에 얼음 조각이 들어 있는 그릇을 갖다댄다. 수증기는 금방 응축되어 매우 작은 물방울로 바뀐다. 이것들은 대부분 구름 속에서와 마찬가지로 대기 중에 떠다닌다.

물은 더할 나위 없이 귀중하다

지구에 물은 믿을 수 없을 만큼 많지만 음료수나 농업용수는 빠듯하다. 지구의 많은 지역은 건조함과 가뭄에 시달리고 있다. 그러나 바다 한가운데에서도 음료수는 모자랄 수 있다. 대양의 물은 염분이 높아서 음료수로 적합하지 않기 때문이다. 그래서 선원들은 미리 가져간 음료수와 빗물에 의존할 수밖에 없다.

배가 침몰하다

"할아버지, 타이타닉호에 무슨 일이 벌어졌지요? 할아버지도 그 배에 타고 있었나요?"

"다행히도 그러지 않았단다. 만약에 그랬다면 나는 이 자리에 있지도 않았겠지. 그 사건은 1912년에 일어났으니까 내가 태어나

가라앉지 않는다고 했던 영국의 쾌속 기선 타이타닉호는 1912년 4월 14일 처녀 항해에서 선장이 여러 개의 빙산의 이동을 무시했기 때문에 빙산과 충돌한 후 침몰했다.

정보상자

타이타닉 호의 드라마

1912년 4월 10일 해운회사 화이트 스타 라인즈 소속으로서 처녀 출항한 타이타닉호는 영국의 사우스햄프턴에서 뉴욕을 향해 출항했다. 그 배에는 2,208명이 타고 있었으며 가라앉지 않는다는 평을 들었다. 그 근거는 특수한 공법으로 만든 이중 바닥에 있었다. 이 이중 바닥은 각각 분리된 여섯 개의 방수 공기 탱크로 이루어져 있었다. 건조 기술자들의 계획에 따르면 배가 충돌할 경우 단지 이 탱크들 중 하나에만 물이 찰 뿐 배는 다른 탱크들을 이용하여 계속 항해할 수 있었다.

타이타닉호는 심지어 탱크 두 개에 물이 넘쳐도 가라앉지 않도록 설계되어 있었다. 가라앉지 않는다는 장담은 물론 허풍에 지나지 않았다.

빙산의 이동을 무시하다

프랑스와 아일랜드에 기착한 후 타이타닉호는 최고 속력인 25노트로 대서양을 가로질러갔다. 경험 많은 선장인 에드워드 스미스에게 곧 최초 빙산의 이동이 보고되었다. 그는 모든 경고들을 귓전으로 흘려듣고 배의 변함 없는 속력과 안정성을 신뢰했다. 23시 30분 망원경도 없이 망루에 있던 두 선원이 500m 앞에서 거대한 빙산이 다가오는 것을 발견했다.

배의 기수를 돌리기에는 너무 늦었다. 배는 빙산과 충돌하면서 옆으로 기울었다.

정원을 다 채우지 못한 구명 보트
그러나 배의 안정성을 신뢰했던 많은 승객들은 처음에는 구명 보트에 오르는 것을 거부했다. 그래서 맨 처음에 출발한 구명 보트들은 자리가 많이 남아돌았다. 이것이 구명 보트에 1,178개의 자리가 있었음에도 불구하고 711명만이 살아남은 이유이다.

기 전의 일이기도 하지. 타이타닉호는 당시에 세계에서 가장 큰 배였단다. 사람들은 심지어 그 배는 가라앉지 않는다고들 했어. 어느 날 밤 북극해의 거대한 빙산과 충돌해 침몰하기 전까지는 말이야."

물의 비정상 상태

거의 모든 물질은 액체 상태에서 고체 상태로 넘어가면 수축한다. 분자들이 견고하고 질서 정연한 격자 안에 놓이며 서로를 강력하게 끌어당기기 때문이다. 하지만 물은 사정이 다르다. 얼면 부피가 팽창한다. 물은 섭씨 4℃에서 분자 구조의 밀도가 가장 조밀하다. 이것을 기점으로 온도가 더 올라가거나 내려가면 물은 팽창한다. 따라서 밀도가 작아진다. 물의 이러한 이상한 특성은 생명을 보존하는 데 결정적으로 기여했다. 즉 이러한 특성은 호수가 겨울에 완전히 얼지 않게 만들며 물고기를 비롯하여 다른 수중 생물들이 살아갈 수 있도록 배려한다. 비정상 상태로 인하여 모든 호수는 위에서부터 매우 천천히 언다. 왜냐하면 얼음은 더 가벼우며 아래의 생물층을 위해 보호막을 형성하기 때문이다.

얼음이 더 많은 공간을 필요로 한다는 사실은 음료수 깡통이나 병

얼음 병의 균열
얼음은 물보다 더 많은 공간을 필요로 한다. 물이 가득 담긴 병을 냉동실에 집어넣으면 그것은 얼마 지나지 않아 터질 것이다. 생성되는 얼음이 커다란 힘으로 부피를 팽창시키기 때문이다.

을 냉동실에 집어넣어 보면 알 수 있다. 얼마 지나지 않아 이 용기는 터지고 만다. 생성되는 얼음이 커다란 힘으로 부피를 팽창시키는 반면에, 용기는 그대로이므로 더 이상 견디지 못하고 얼음의 팽창 압력에 굴복하기 때문이다.

왜 소금물에서는 잘 뜰까

얀은 선원 이야기에 싫증이 나서 바다로 달려간다. 물 속에 들어간 얀은 얼마 후 수영장에서보다 바다에서 수영하는 것이 훨씬 수월하다는 사실을 깨닫는다. 정확히 말해서 물에 몸을 맡기기만 하면 저절로 수영이 된다. 이밖에도 태평양의 물은 염분이 상당히 높다는 점도 특기할 만하다. 얀은 이 두 가지 점이 서로 관계가 있다는 생각이 든다.

그의 두 '후견인'이 이에 대한 대답을 알고 있는지 지켜보자.

할아버지와 단장이 은밀하게 속삭인다. 얀은 단장이 할아버지에게 서커스 공연 입장권 두 장을 건네주는 것을 바라본다.

"샤워를 잘해야 해, 얀. 소금기가 많은 물이라서 피부에 해로울지도 모르니까." 할아버지가 말한다.

"수영이 훨씬 쉽다는 점도 이상하게 여겨졌을 게다." 서커스 단장이 말한다.

얀은 자신의 귀를 믿을 수 없다. 그 사이에 두 사람이 벌써 자신의 생각을 읽었단 말인가?

"소금물은 호수나 강, 또는 수영장의 단물보다 훨씬 잘 뜨게 만든단다. 바닷물은 높은 염분으로 인해 순수한 물보다 더 높은 밀도를 지니기 때문이지. 물은 염분이 높을수록 잘 뜨게 만들거든."

"왜 소금물에서는 잘 뜰까요? 어째서 수영이 저절로 되는 거지요?” 얀이 되묻는다.

“좀더 정확히 말하면, 너는 네가 물 속에서 받는 부력으로 인해 수영하는 것이란다.” 단장이 설명한다.

무엇이 물에 뜨고, 무엇이 가라앉을까

단장이 바닥에서 플라스틱 병을 집어든다. 그는 거기에다 몇 개의 구멍을 뚫은 다음 부력의 원리를 실험해보인다. 이것은 집에서도 따라해볼 수 있다.

부력의 원리

물은 물 속에 들어 있는 모든 물체에 힘을 가한다. 이러한 물리학적 힘은 커다란 플라스틱 병이나 통조림 깡통을 이용한 다음과 같은 실험을 통해 관찰할 수 있다.

1단계
가위나 못으로 플라스틱 병에 각각 다른 높이로 구멍 네 개를 일렬로 뚫는다. 처음에는 이 구멍들을 껌이나 접착제, 또는 손가락으로 막아놓는다.

2단계
병을 수조나 샤워실에 세워놓고 물을 채운다.

구멍들을 개방하면 물의 공연이 시작된다. 각각의 구멍에서 물줄기가 뿜어나온다. 물론 물줄기가 뻗는 거리는 구멍마다 커다란 차이

바다에서 신문 읽기
세계에서 염분이 가장 높은 물은 이스라엘의 사해이다. 염분이 너무 높아서 물고기가 더 이상 살 수 없을 정도이다. 그 대신에 물 위에 누워 신문을 읽을 수 있다.

마술상자

마법의 달걀

물을 반쯤 채운 유리잔 안에 달걀을 집어넣는다. 달걀은 금방 밑으로 가라앉는다. 달걀이 물보다 더 무겁기 때문이다. 손을 대지 않고 달걀을 바닥에서 끌어올릴 수 있을까?

물에 충분한 양의 소금을 집어넣은 후에 저으면 달걀이 유리잔 속에서 떠다니기 시작한다. 소금물이 달걀과 똑같은 밀도를 지니기 때문이다.

이 묘기의 비밀은 소금에 있다. 물에 소금을 점점 더 많이 집어넣고 젓는다. 염분이 어느 수준에 다다르면 달걀은 물 속에서 떠다니기 시작한다. 이때 소금물은 달걀과 똑같은 밀도를 지니게 된다. 소금을 더 많이 집어넣으면 달걀은 마침내 물의 표면에서 떠다닌다. 이때 소금물의 밀도는 달걀의 밀도보다 더 크다. 이제는 정상적인 물을 소금물 위에 조심스럽게 부어보자. 이 두 액체가 서로 섞이지 않도록 조심한다. 정상적인 물을 매우 천천히 부으면 된다. 달걀은 이제 물의 두 층 사이에 정지한다. 달걀은 마치 허공에 떠 있는 것처럼 보인다.

를 보인다.

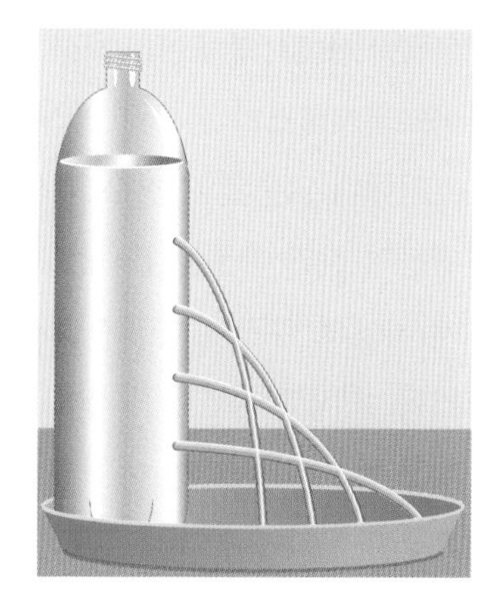

맨 윗구멍에서 나온 물줄기가 가장 짧게 뻗어나가고 맨 아랫구멍에서 나온 물줄기가 가장 멀리 뻗어나가는 이유는 물의 압력이 서로 다르기 때문이다.

맨 윗구멍에서 나온 물줄기가 가장 짧게 뻗어나가고, 맨 아랫구멍에서 나온 물줄기가 가장 멀리 뻗어나간다. 그 이유는 물의 압력이 서로 다르기 때문이다. 물의 맨 윗부분은 그 위로부터 공기의 압력만을 받는다. 이와는 달리 물의 층이 깊어질수록 점점 더 많은 양의 물이 추가로 압력을 가한다. 그 때문에 압력은 훨씬 높아진다. 구멍이 열리면 물은 빠른 속도로 빠져나온다. 층이 깊을수록 압력과 속도는 더 높아진다.

야자 열매 하나가 물에 떠다니는 모습이 세 사람의 눈에 들어온다.

"배나 야자 같은 것들은 왜 물에 뜨고, 배의 잔해나 돌 같은 것은 가라앉을까요?" 얀이 계속 묻는다.

"그것은 전적으로 물 속에서 받는 부력의 크기에 달려 있단다. 부력이 물체의 무게보다 더 커지면 물체는 물 위에 떠다닌단다. 두 힘이 같을 경우에는 물체가 물 속에 둥실둥실 뜨고. 이것은 대기 중의 풍선과 똑같은 원리야." 단장이 대답한다.

"그러면 부력은 무엇에 좌우될까요?" 이번에는 할아버지가 묻는다. 배와 배의 잔해는 그가 좋아하는 주제이기 때문이다.

"무게 자체만으로는 그렇게 될 수 없지요. 물 위에 떠 있는 배나 가라앉은 배 모두 항상 똑같은 무게를 지니고 있기 때문입니다."

그 말이 맞다. 무게는 부력을 결정하는 한 요소일 뿐이다. 부력의 크기는 그리스 시대에 아르키메데스가 욕조에 앉아 있다가 처음으로 알아냈다.

변용

병에 다시 물을 채운다. 그러나 이번에는 맨 아랫구멍만 개방한다. 시간이 지남에 따라 물줄기가 어떻게 변하는지 관찰해보자. 처음에 물줄기는 매우 멀리 뻗어나간다. 병에 든 물의 수위가 낮아질수록 물줄기가 뻗어나가는 거리는 짧아진다. 그 이유 역시 물의 압력 때문이다. 수위가 낮아질수록 압력은 작아진다. 액체의 압력에서의 이러한 차이가 물 속에 들어 있는 모든 물체에 작용하는 힘의 원인이다. 이 물체들은 물의 위쪽보다는 아래쪽에서 더 높은 압력을 받는다. 측면에서의 압력은 동일하다. 그래서 물체 아래에 가해지는 더 높은 압력은 위로 향하는 힘, 소위 부력을 만들어낸다.

아르키메데스

(BC 287~BC 212)

아르키메데스는 당시에 그리스 영토였던 시칠리아섬의 시라쿠사에서 태어났다. 그는 BC 287년에서 BC 212년까지 카르타고와 로마 사이에 벌어진 포에니 전쟁의 와중에서 살았다.

그는 그 시대의 가장 위대한 과학자였으며, 기하학 · 분석학 · 물리학 · 공학 · 군사 기술 분야에서 많은 업적을 남겼다. 그는 최초로 원의 둘레(원주)와 지름 사이의 관계를 산출해 냈다.

포에니 전쟁 동안 시라쿠사는 로마군의 공격을 받았다. 이 공격은 처음에는 아르키메데스가 고안한 특수 방어 기계로 격퇴할 수 있었다. 그는 투석기를 비롯하여 햇빛을 모아서 적의 배에 불을 지를 수 있는 특수 거울을 발명했다. 그 때문에 로마군은 처음에는 시라쿠사를 포위하는 정도에 만족해야 했다. BC 212년에야 시라쿠사는 함락되었다. 그날은 아르키메데스가 사망한 날이기도 했다. 로마군은 아르키메데스를 죽이지 말라는 명령을 받았지만 불행한 일이 벌어지고 말았다. 전설에 따르면 한 병사가 과학적 연구에 몰두하고 있는 아르키메데스를 발견하고 체포하려 했다. 그러나 우선 작업을 마치고자 했던 아르키메데스는 순순히 응하지 않았다. 이에 격분한 병사가 아르키메데스를 창으로 찔러 죽였다고 한다.

목욕탕 안에서의 돌연한 착상

아르키메데스가 유명한 발견을 한 장소는 바로 목욕탕 안이었다. 아르키메데스는 얼마 전부터 시라쿠사의 왕 히에론의 명을 받아 황금 왕관의 진위 여부를 검사하고 있었다. 왕은 금 세공업자를 불신한 탓에 자신의 왕관이 순금으로 만들어지지 않았을 것이라 의심하고 있었다. 하지만 왕관을 망가뜨리지 않은 채 이것을 증명하기란 여간 어려운 일이 아니었다. 이것을 증명할 사람은 총명한 신하인 아르키메데스밖에 없었다.

앞에서도 말했듯이 목욕탕 안에서 그에게 묘안이 떠올랐다. 물이 많이 담긴 욕조 안으로 그가 들어가자 몸무게 때문에 물이 밖으로 넘쳐흘렀다. 이것을 본 그는 자신이 욕조 안으로 들어가면 수면이 상승한다는 것을 알아차렸다. 그의 몸이 중력에 맞서 물을 위로 밀어올렸던 것이다. 이 물은 당연히 이전의 위치로 돌아가려 한다. 그런 까닭에 이 물은 아르키메데스를 위로 밀쳐 물 밖으로 내보내려 한다. 이것은 물론 아르키메데스가 물보다 훨씬 무겁기 때문에 성공하지 못한다. 그러나 물은 아르키메데스가(또는 수영을 하는 모든 사람이) 바깥에서보다 물 속에서 몸이 훨씬 가벼워짐을 느낄 정도로 계속해서 그러한 힘으로 밀쳐낸다. 바로 이때 아르키메데스의 머릿속을 스치는 것이 있었다. 그는 자신의 생각에 감동한 나머지 벌거벗은 채 시라쿠사 거리를 뛰어다니며 "유레카, 유레카!"라고 소리쳤다고 한다. 이 말은 '내가 그것을 발견했다!'는 뜻이다.

이 이야기는 유감스럽게도 증명된 바 없으나 들어서 나쁠 것은 없다.

아르키메데스의 황금 테스트

그러나 목욕탕에서 아르키메데스에게 떠오른 생각은 오늘날에도 일반적으로 인정되고 있다. 아르키메데스가 목욕탕에 들어갔을 때 일어난 현상처럼, 물체를 물 속에 집어넣으면 순간 그것이 물을 밀어낸다. 밀려 넘쳐흐른 물의 양은 물에 잠긴 물체의 질량에 좌우된다.

따라서 물에 잠긴 물체의 질량이 클수록 더 많은 물이 넘쳐흐른다. 여기에서 아르키메데스는 물질의 질량을 측정하기 위한 간단한 방법을 알아냈다. 그 결과 왕관의 수수께끼는 풀렸다. 아르키메데스는 왕관과 똑같은 무게의 금괴를 만들어 비교 대상으로 삼았던 것이다. 만약 왕관이 금괴보다 더 많은 물을 밀어내면 그것은 금보다 더 질량이 높음이 분명하며 따라서 순도가 떨어진다는 뜻이었다. 실제로 금 세공업자는 값이 더 싼 은을 첨가해서 왕관을 만들었다는 사실이 밝혀졌다.

밀려난 물의 질량이 지닌 무게는 몸이 물에서 느끼는 부력과 일치한다. 이러한 관계는 오늘날에도 아르키메데스 원리라고 부른다.

아르키메데스 원리
밀려난 물의 질량은 물 속에서 몸에 느껴지는 부력과 일치한다. 이러한 현상을 오늘날에도 아르키메데스 원리라고 한다.

아르키메데스 원리의 응용

물체의 질량은 밀려난 물의 양을 측정하여 알아낼 수 있다. 그 크기를 측정하는 방법은 다양하다.

누구의 주먹이 가장 클까

주먹을 물잔 속에 집어넣어 보자.

손목까지 물 속에 잠길 때 수위는 얼마나 높아질까? 수위가 높을수록 주먹이 더 크다. 물론 물 속에 집어넣는 다른 물체의 경우도 마찬가지다.

주먹의 크기 측정

물을 채운 유리잔을 저울 위에 올려놓고 무게를 잰다. 그 다음에 주먹을 잔 속에 집어넣는다. 이때 저울은 더 높은 숫자를 가리킨다. 즉 더 무거워진 것이다. 이것은 물과 바닥이 주먹의 부력에 해당하는 만큼의 반발력을 갖기 때문이다. 따라서 늘어난 무게는 주먹에 의해 밀려난 물의 무게와 똑같다. 이것이 주먹의 질량을 측정하는 방법이다.

질량을 측정하는 제3의 방법

욕실이나 세면대 근처에 놓아둔 체중계 위에 올라선다. 그리고 팔이나 한쪽 다리를 물이 담긴 욕조 안에 집어넣는다. 이때 욕조 바닥에 닿지 않게 하면 어떻게 될까? 몸무게는 밀려난 물의 무게만큼 더 가벼워진다. 다시 말해서 몸무게는 물에 잠긴 신체 부위의 부력에 해당하는 양만큼 줄어든다.

세 사람 옆에 한 낚시꾼이 서 있다. 때마침 그가 낚싯대를 잡아당기기 시작한다. 물고기가 미끼를 문 것처럼 보인다.

"무척 작은 물고기인 것 같아요. 낚싯대가 거의 휘지 않는걸요." 할아버지가 말한다.

낚시꾼이 낚싯줄을 조심스럽게 계속 잡아당긴다. 물고기가 수면 위로 떠오르자마자 낚싯대는 심하게 휜다. 물고기 역시 작지 않다.

"그래요. 물고기가 물 속에 있을 때에는 낚싯대가 덜 휘거든요." 얀이 말한다. 나머지 두 사람은 놀란 듯이 서로를 쳐다본다.

"물 속에서 물고기는 물로 인한 부력을 받아서 더 가벼워져요. 두 분이 금방 저에게 설명한 그대로예요."

두 사람은 그 말이 맞다고 생각한다. 그들은 배와 잠수함에까지 생각이 미친다.

갑자기 마치 기적처럼 서커스 단장의 고양이가 잠에서 깨어나 물끄러미 쳐다본다. 물론 고양이는 낚싯대보다는 물고기에 관심이 있다. 이와 달리 얀은 물고기들이 물 속에서 어떻게 헤엄치는가에 더 많은 관심을 보인다.

잠수함의 원리

"물고기들은 부레를 이용해 헤엄치지요. 이 부레에 공기가 많을수록 질량이 커지고 따라서 밀려난 물의 양과 부력도 커집니다. 다시 말해서 물고기는 위로 올라오고 싶으면 부레에서 공기를 빼냅니다." 단장이 말한다.

"잠수함도 이와 똑같은 원리를 이용해요." 할아버지가 말한다. 그는 다시 선원 시절을 회상할 수 있게 되어 기쁨을 감추지 못한다. 그는 또한 어떻게 집에서도 잠수함 모형을 만들어 뜨고 가라앉게 할 수 있는지를 설명한다.

잠수함 만들기

레몬 잠수함

1단계

칼로 레몬이나 오렌지 껍질을 오려서 잠수함 모양을 만든다. 이때 크기를 물통 입구보다 작게 한다.

2단계

물통에 물을 가득 채운 다음 레몬 껍질을 넣는다. 그리고 고무 뚜껑이나 고무 풍선으로 덮는다. 레몬 껍질은 곧 회전하며 밑으로 가라앉는다. 무게가 더 무겁기 때문이다.

3단계

손가락으로 뚜껑을 누른다. 손가락 압력의 크기에 따라 레몬 껍질은 진짜 잠수함처럼 오르내린다.

손가락으로 뚜껑을 누르는 정도에 따라 레몬 껍질은 오르내린다.

이 묘기의 비밀은 레몬 껍질에 있는 자그마한 부레들에 있다. 손가락의 압력을 증가하면 이 부레들에 가해지는 압력도 높아져서 점점 오그라든다. 따라서 부력은 점점 더 작아지고 잠수함은 더 깊이 내려간다. 반대로 손가락의 압력을 줄이면 부레들이 다시 커지면서 잠수함이 위로 떠오른다.

이 실험의 연장선상에서, 성냥개비의 머리를 잘라낸 다음 잠수함이 들어 있는 물통 속에 넣어보자. 이것들은 마치 잠수부처럼 잠수함과 함께 오르내린다.

볼펜 뚜껑 잠수함

1단계

볼펜 뚜껑이 물 속에서 똑바로 가라앉을 수 있도록 점토나 껌을 붙여 무겁게 만든다. 균형을 맞추는 데는 시간과 정확성을 요구한다.

2단계

앞의 실험과 마찬가지로 물통에 물을 가득 채운다. 볼펜 뚜껑의 입구를 밑으로 하여 물통 속에 조심스럽게 집어넣는다. 물통을 고무 뚜껑으로 덮는다. 손가락의 압력을 이용하여 볼펜 뚜껑을 조종할 수 있다. 플라스틱은 물보다 약간 무겁다. 부레는 볼펜 뚜껑 내부에 있기 때문에 전체적으로 떠다닌다.

3단계

고무 뚜껑의 압력을 통해 부레가 오그라들게 만든다. 그러면 물은 고무 뚜껑 방향으로 밀려 올라온다. 이러한 방식으로 부력은 축소되며 볼펜 뚜껑은 밑으로 가라앉는다. 반대로 압력을 줄이면 볼펜 뚜껑은 위로 떠오른다. 물 부레는 다시 확장되고 부력이 증가한다.

"아르키메데스 원리를 이용하면 물 속에 가라앉은 난파선도 끌어올릴 수 있단다." 할아버지가 말한다.

"어떻게요?" 얀이 궁금하여 묻는다.

"음료수 깡통으로 시범을 보여줄게." 할아버지는 길에서 빈 깡통 하나를 주워 물 위에 올려놓는다. 깡통은 마치 배처럼 움직이기 시작한다. 이제 할아버지는 깡통을 계속 물 속으로 밀어넣는다. 마침내 깡통이 밑으로 가라앉는다. 알루미늄이 물보다 더 무겁기 때문이다.

"이것을 물 속에 가라앉은 난파선이라고 치자."

"그 난파선을 어떻게 다시 들어올릴 수 있죠?" 얀이 묻는다.

물 위에 뜨기
물체는 그 무게가 부력의 힘보다 작을 때 물 속에 떠다닌다. 두 힘이 같을 경우에 물체는 가만히 떠 있다.

"고무 호스로 깡통 안에 공기를 불어넣으면 된단다. 집에서 이 실험을 해보는 게 좋겠다."

난파선 들어올리기

이 실험은 욕조나 세면대에서 손쉽게 할 수 있다. 이 실험에는 안이 들여다보이는 병과 고무 호스가 필요하다. 먼저 병을 물 속에 완전히 가라앉힌다. 그 다음에는 고무 호스를 병 바닥에 닿을 때까지 집어넣는다. 입으로 공기를 병 속에 계속 불어넣으면 병은 위로 떠오른다. 이렇게 해서 난파선을 들어올릴 수 있다. 이 방법은 크레인이나 헬리콥터를 이용하는 방법과 비교할 때 요란하지 않다. 그럼에도 불구하고 크레인을 사용하든, 아니면 사람이나 펌프로 공기를 불어넣든 결국에는 똑같은 양의 에너지가 필요하다.

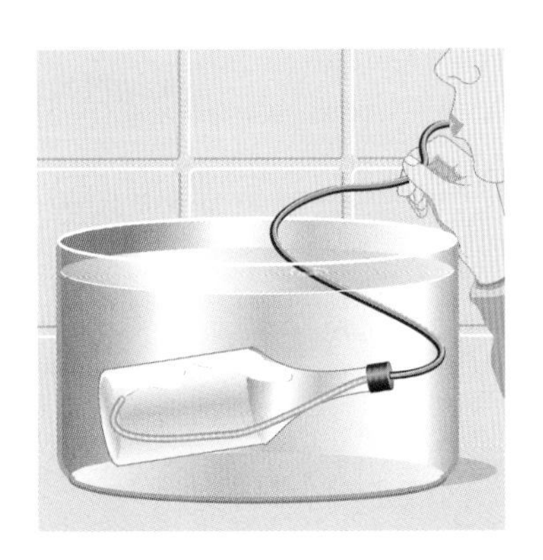

고무 호스로 공기를 병 속에 불어넣으면 병은 천천히 물 위로 떠오른다. 이와 같은 원리를 이용하여 난파선을 들어올릴 수 있다. 물론 공기는 강력 펌프로 불어넣는다.

할아버지와 얀은 그 사이에 작은 카누를 20분 동안 빌려 탔다. 그 배에도 '가라앉을 염려가 없다'는 말이 적혀 있다. 타이타닉호와는 달리 카누는 재질이 물보다 가벼운 플라스틱으로 만들어져 있다. 따라서 이 배는 실제로 가라앉을 염려가 없다. 물론 이 배는 언제라도 뒤집혀서 승객들을 물 속에 빠뜨릴 수는 있다. 그 때문에 얀과 할아버지는 구명 조끼를 입고 있다. 배에 타고 있는 동안 할아버지는 자신의 바다 여행과 항해의 역사에 대해 이야기해준다.

배는 어떤 방식으로 항해할까

배는 다음과 같은 방식으로 항해한다. 즉 배에 작용하는 부력은 배의 무게보다 더 커야 한다. 부력은 밀려난 물의 무게와 일치하기 때문에 배는 많은 양의 물을 밀어낼 수 있는 형태가 가장 좋다. 이를테면 배 한가운데에 공동(空洞)을 만든다. 이러한 형태의 배는 재질의 무게와 상관없이 항해가 가능하다.

항해의 원칙은 점토를 이용하여 실험해볼 수 있다. 점토 덩어리를 물통 속에 집어넣으면 곧바로 가라앉는다. 점토는 물보다 무겁기 때문이다. 하지만 옆으로 길게 늘어뜨려 한가운데에 공동을 만드는 등, 배의 형태를 갖춘 점토는 물 위에 뜬다. 이때 물통의 수면은 이전보다 뚜렷하게 더 높아진다. 점토로 인해 물의 질량이 밀려났기 때문이다.

최초의 뱃사람

최초의 유명한 뱃사람은 페니키아인들이었다. 오늘날의 레바논 지역에 살았던 그들은 가벼운 보트를 타고 이미 아프리카 해안을 돌아다녔으며 영국과 아메리카에까지 도달했다.

동력삽이 부착된 기선

1803년 로버트 풀턴은 동력삽을 부착한 최초의 기선을 건조했다. 그러나 이 배는 파리의 센강에서 시범 항해를 하는 도중에 가라앉고 말았다.

1807년 풀턴은 '클레먼트'로 명명한 두 번째 배를 건조하여 이번에는 미국의 허드슨강에서 항해를 시작했다. 클레먼트는 뉴욕과 올버니 사이의 287km

기선 항해의 시작은 18세기 말로 거슬러올라간다. 1807년 로버트 풀턴이 건조한 기선 '클레먼트'는 허드슨강에서 항해하는 데 성공했다.

정보상자

항해의 역사

간단한 배는 벌써 오래 전부터 존재했다. 배를 어떻게 만들었는지는 정확히 알 수 없다. 처음에는 누군가가 통나무를 물 위에 띄워 놓고 배로 이용했을 가능성이 크다. 이것이 긴 막대기로 조종하는 뗏목으로 발전했다. 나중에는 통나무의 가운뎃부분을 불로 태워 파냈다. 여기에서 최초의 카누가 탄생했다. 이 카누는 가벼워서 기동력이 좋았다. 시간이 지나면서 배를 젓는 막대기는 노로 대체되었다. 또한 배를 움직이는 자연적 수단인 바람을 이용한 돛단배도 곧 발명되었다. 17세기가 되어서야 배의 동력인 돛과 노가 주목할 만큼 개선되었다.

를 항해하는 데 32시간이 걸렸다. 클레먼트는 길이 39m에 너비는 5.4m였다. 이 배는 증기력으로 삽 모양의 물갈퀴들을 움직여서 항해했다. 배의 한가운데에는 증기를 배출하는 검은 굴뚝이 높이 솟아 있었다.

1819년에는 증기 모터를 부착한 배가 처음으로 영국에서 뉴욕까지 대서양을 횡단했다. 그 항해에는 25일이 걸렸다. 1829년부터는 배에 스크루가 도입되었다. 이 장비가 넓은 바다에서의 항해를 가능케 했다. 나중에는 휘발유 모터와 이보다 더 효과적인 디젤 엔진이 배의 동력으로 이용되었다.

잠수함

자유자재로 가라앉고 뜨는 최초의 잠수함은 1775년 미국의 데이비드 부시넬이 전쟁용으로 만들었으며 '터틀'이라 명명하였다. 한 사람이 타는 그 잠수함은 손으로 움직이는 스크루에 의해 추진력을 얻고 조종되었다.

1859년에는 에스파냐 사람 몬트리얼이 잠수함을 만들었다. '익티네오(Ictineo)'로 명명된 그 잠수함은 다섯 명이 탈 수 있었으며 프로펠러로 움직였다. 이 배의 크기는 길이 7m, 높이 3.5m, 너비 2.5m였다.

1866년부터는 잠수함에 동력 에너지로 증기력이 도입되었다. 이밖에도 생성된 증기를 화학적으로 변환시켜 승무원들에게 충분한 산소를 공급할 수 있게 됨으로써 장시간의 잠수가 가능해졌다.

오늘날의 잠수함은 핵 에너지나 디젤을 동력으로 사용하며 수개월 동안 물 속에 머무를 수 있다.

1960년 미국 잠수함 '트리톤'호는 처음으로 전 세계를 일주했다.

수위는 언제 내려갈까

할아버지가 항해 이야기에 열중해 있는 동안 얀이 물에 돌을 던진다. "할아버지, 바다에 돌을 던지면 수위가 올라갈까요, 아니면 그대로일까요?"

할아버지는 해답을 알지 못한다. 그래서 그들은 물가에서 기다리고 있는 서커스 단장에게 물어보기로 한다. 단장 역시 정확하게는 모르기 때문에 세 사람은 실험을 통해 이 문제를 해결하기로 결정한다. 그들은 근처의 카페로 가서 물을 한 잔 주문한다. 할아버지는 빈 필름통을 꺼낸다.

돌을 가득 실은 배

질문:배에서 무거운 물체들을 호수에 던지면 수위는 올라갈까 내려갈까, 아니면 그대로일까?

이 질문에 대한 해답은 다음과 같은 실험을 통해 쉽게 찾아낼 수 있다.

빈 필름통을 배로 가정한다. 이 통 속에 몇 개의 동전이나 돌을 집어넣은 다음 물이 담긴 용기에 띄운다. 이때 통 속에 너무 많은 동전을 집어넣지 않도록 주의한다. 펜으로 수위를 표시한다. 그 다음에는 통에서 동전 두세 개를 꺼내 통의 무게를 줄이고, 꺼낸 동전을 물 속에 집어넣는다. 수위는 어떻게 될까? 수위는 내려간다. 그 이유는 물체가 배의 외부보다는 내부에 있을 때 더 많은 양의 물을 밀어내기 때문이다. 물체가 물 속에 있을 때에는 단지 자신의 질량만큼만 물을 밀어낸다. 따라서 수위는 내려간다.

빙산이 녹으면 어떻게 될까

얀의 콜라잔 속에 들어 있는 얼음 조각들이 녹아도 수위는 변하지 않는다. 마찬가지로 모든 빙산이 녹아도 바다의 수위는 거의 변하지 않는다. 그러나 남극 대륙처럼 지표면과 맞닿아 있는 빙하가 녹을 경우에는 바다의 수위가 엄청나게 올라간다.

얀은 카페에서 콜라를 마시는 동안 콜라잔 속에 떠다니는 얼음 조각들을 관찰한다. "얼음 조각이 녹으면 수위는 어떻게 될까요?"

"좋은 질문이다." 할아버지가 말한다.

"이에 대한 대답은 빙산이 녹으면 어떻게 되는지를 보여줄 게다. 밀물 때 대양의 수위는 내려갈까, 아니면 그대로일까?"

서커스 단장 역시 해답을 알지 못한다. 그들은 얀의 콜라잔 속의 얼음이 녹을 때까지 기다릴 수밖에 없다. 그러나 그럴 만한 시간적 여유가 없기 때문에 얀은 콜라를 단숨에 마셔버린다. 그 다음에 그들은 섬의 북쪽 해안으로 떠난다. 단장이 자신의 페라리 승용차로 드라이브하자고 두 사람을 초대했던 것이다. 그는 그곳에 가면 거대한 파도를 볼 수 있다고 말한다.

북쪽 해안으로의 드라이브

세 사람은 서커스 단장의 페라리에 몸을 싣고 해안을 따라 무서운 속도로 달린다. 뒷좌석에 앉아 있는 얀과 고양이는 상당히 불안한 표정이다. 무엇보다도 고양이에게 이 모든 것은 즐겁지 않아 보인다. 고양이의 수염은 붕붕거리는 엔진 소리에 잔뜩 긴장해 있다. 하지만 창 밖으로 보이는 파도가 더 거친 느낌을 준다. 북쪽 해안에 다가갈수록 파도는 더욱 세차게 몰아친다.

압축 불가능성과 물의 세기

서커스 단장이 물의 세기에 대해 이야기한다. "엄청난 물의 세기는 무엇보다도 압축 불가능 상태에 근거하고 있어요. 파도는 어떤 상황에서도 자신의 질량을 보전하려고 합니다. 이와는 반대로 형태를 유지하는 데는 그 어떤 가치도 두지 않기 때문에 파도는 외부의 압력을 가능한 한 피해가려고 하지요. 그 때문에 액체는 자신에게 가해진 압력을 주위의 모든 접촉 부위에 그대로 전가합니다. 이것은 프랑스의 수학자 블레즈 파스칼이 17세기에 발견한 이후로 공작 기계에 탁월하게 응용되고 있어요."

뒤이어 단장은 집에서도 물의 세기를 실험할 수 있는 방법을 설명한다.

'압축 불가능성'의 의미는 무엇일까

물리학에서는(가시적인) 외부의 압력에 의해서도 질량이 줄어들지 않는 물체의 상태를 압축 불가능성이라고 한다. 무엇보다도 물과 같은 액체가 이에 해당한다.

압축 불가능성

연통관

이 실험에는 크기가 서로 다른 두 개의 플라스틱 병이 필요하다. 각각의 플라스틱 병의 윗부분을 3분의 1 정도 잘라낸다. 이때 두 병의 높이는 같아야 한다.

1단계

병마다 밑에서 3cm 높이에 구멍 하나를 뚫는다. 구멍의 크기는 빨대가 들어갈 수 있을 정도가 되어야 한다.

두 병의 크기가 다르지만 물은 빨대를 통해 빈 병 속으로 흘러들어간다. 이러한 과정은 두 병의 수위가 같아질 때까지 계속된다.

2단계

두 병을 빨대로 연결한 다음 구멍 바깥 부분을 점토나 껌으로 밀봉하여 물이 새지 않게 한다.

병 하나에 물을 가득 채우면 어떤 일이 일어날까?

그 대답은 이미 물에 관한 일상적인 경험에서 알 수 있을지도 모른다. 즉 두 병의 수위가 같아질 때까지 물은 빨대를 통해 빈 병 속으로 흘러들어간다. 병의 형태와 단면의 모양이 아무리 달라도 결국에는 두 병의 수위가 같아진다. 그 이유는 두 병의 뚫린 윗부분에서 똑같은 압력이 수면에 가해지기 때문이다.

수역학을 이용한 묘기

앞의 실험을 위해 만든 연통관을 다시 한 번 사용한다.

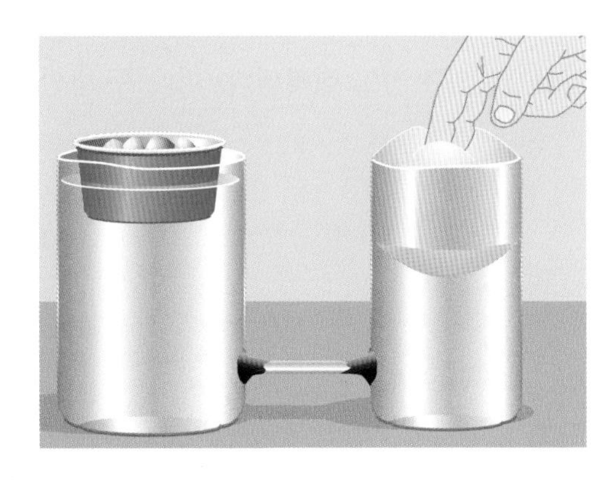

1단계

원통의 둘레가 넓은 병의 수면에 돌이 담긴 플라스틱 그릇을 올려놓고 떠다니게 만든다. 이 물체를 수역학의 원칙에 의해 들어올릴 수 있다.

2단계

둘레가 좁은 병에 공기를 약간 불어넣은 풍선을 조심스럽게 밀어넣는다.

3단계

손가락으로 풍선을 누른다. 이제 무슨 일이 일어날까? 풍선을 누르는 정도에 따라 수면에 가해지는 압력도 달라진다. 물은 파스칼의 원칙에 따라 빨대를 통해 이 압력을 다른 병의 물에 전달한다. 이 때문에 그 부하는 위로 상승한다. 여기에서 풍선은 수압 장치의 피스톤과 똑같은 역할을 한다. 서로 연결된 병 속의 수위는 압력의 크기에 따라 달라진다.

반대의 경우, 즉 풍선을 둘레가 넓은 병에 밀어넣고 물체를 둘레가 좁은 병에 집어넣으면 어떻게 될까? 그 차이를 비교해보자.

수역학이란 무엇일까

액체를 통해 압력을 계속 이끌어내는 것을 수역학이라고 한다. 수력학의 원칙을 활용하면 무거운 짐도 들어올릴 수 있다. 굴삭기나 자동차의 브레이크 역시 수역학에 의해 작동한다.

이 경우에는 이전보다 힘을 덜 쓰고서도 물체를 들어올릴 수 있다. 액체에 작용하는 힘은 한편으로 풍선의 압력에, 다른 한편으로는 그 힘을 받는 평면에 좌우된다. 그 평면은 이 경우에 이전보다 더 크다.

물이 위로 흐른다

액체가 외부의 압력에 영향을 받는다는 사실을 활용하면 액체를 위로 흐르게 할 수도 있다.

이 실험을 위해 물통 두 개를 각각 높이가 다른 책상 위에 올려놓는다.

높은 책상 위의 물통에 물을 채운다. 고무 호스의 한쪽 끝을 물 속에 집어넣고 다른 쪽 끝은 낮은 책상 위에 놓인 물통 속에 집어넣는다. 어떤 일이 일어나는지 관찰해보자.

파스칼은 특히 유체 정역학을 연구했으며 최초의 유압 피스톤을 고안해냈다. 오늘날에도 액체에서의 압력 확산을 파스칼의 법칙이라고 부른다.

마차 사고를 당했으나 가까스로 죽음을 면한 파스칼은 수 년 동안 종교에 몰입했다. 이때 그는 합리적인 신앙을 발전시켰다. 그는 또한 17세기에 모든 수단을 동원하여 반종교 혁명에 앞장섰던 예수회에 대한 비판으로 널

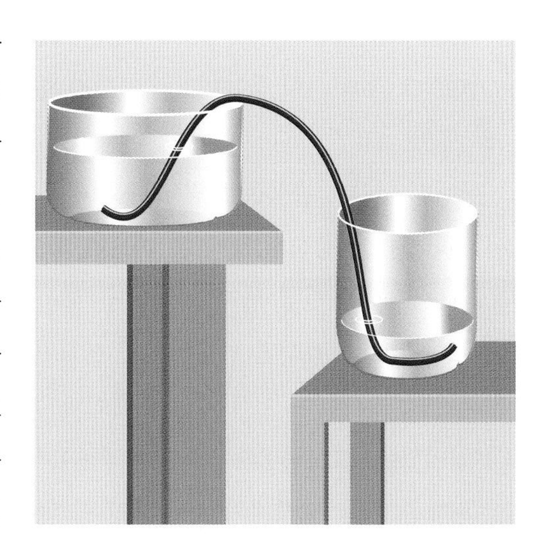

물을 빨아들이다
고무 호스 윗부분의 끝에 입을 대고 조심스럽게 물을 빨아들이면 물이 위로 올라가게 만들 수 있다. 이때 물이 호스를 통해 갑자기 튀어나올 수 있으므로 조심해야 한다. 실제로 물은 중력을 극복하고 호스 안에서 위로 흐른다. 그러나 물론 일시적인 현상이다. 이러한 묘기는 수족관의 물을 빨아들일 때 자주 활용된다.

리 알려졌다. 파스칼은 결국 학문의 세계로 돌아왔지만 39세의 나이로 사망했다.

"파스칼은 연구와 바다에 대해 의미심장한 말을 남겼지요." 단장이 말한다.

"그는 '우리는 바다를 항해하기 전에 육지에서 걸어다닌다. 우리는 무엇인가를 발명하기 전에 이성을 필요로 한다' 고 말했어요."

파도, 파도, 파도……

차창 밖의 파도는 점점 더 거세져 그 높이가 6m에 이른다. '일몰해안-주의:파도타기 하는 사람들이 도로를 횡단하는 경우가 있음' 이라는 글이 적힌 푯말 앞에서 단장은 차를 멈춘다. 세 사람은 차에서 내린다. 엄청난 파도들이 기슭까지 밀려온다. 이와는 반대로 용감하게 파도에 몸을 맡긴 몇몇 사람들은 차라리 왜소해 보인다.

곧 파도와의 싸움을 시작하려는 한 사람이 서핑 보드를 손질하고 있다.

얀이 그 옆에 서서 묻는다. "이제까지 경험한 가장 높은 파도는 어느 정도였나요?"

상대방은 얀이 관심을 보인 것에 기뻐하며 말한다. "여기 하와이에서 사람들이 경험한 가장 높은 파도는 15m 이상이었지. 유감스럽게도 나는 그것을 직접 보지는 못했어. 행운이었는지도 모르지. 그 파도가 내 앞에 있었다면 파도타기를 시도했을 테니까 말이야. 정확히 말하자면 그때 나는 아직 세상에 태어나지도 않았어. 그것은 1946년의 일이었어. 그처럼 높은 파도는 해일이라고 부르는데 육지에 엄청난 피해를 주지. 당시에 수많은 해안 지역이 완전히 파괴될 정도였으

해일
2만km까지의 거리를 나아갈 수 있는 해일은 흔히 지진에 의해 발생한다. 다행스럽게도 그러한 종류의 엄청난 지각 충돌은 아주 드물게 일어난다.

니까."

"그러한 해일은 어떻게 생기나요?" 할아버지가 묻는다.

"지구 어디선가 일어나는 강력한 지진에 의해서입니다. 오늘날에는 그러한 해일의 발생과 진행 경로를 상당히 정확하게 예측할 수 있어요. 해일은 크기에 따라 아주 멀리까지 나아갈 수 있지요. 1960년에는 칠레에서 지진이 발생해 해일이 남아메리카 해안을 따라 800km에 해당하는 지역을 완전히 파괴했어요. 그 해일은 태평양을 건너 1만 7,000km나 떨어진 일본에까지 타격을 가했지요. 22시간이 지난 뒤에 말입니다. 이것은 해일이 시속 770km 이상의 속도로 퍼져나간다는 것을 의미합니다. 그 해일은 일본의 중심 섬인 혼슈의 해안 지역에 상당한 피해를 입혔어요. 이렇게 파괴력이 강한 해일을 일으키는 지진은 다행히도 1년에 한두 번쯤 일어납니다. 극히 위험한 해일은 10년에 한 번꼴로 발생합니다. 이제 나는 물 속에 들어가야겠어요. 다음 해일이 오기 전에 말입니다." 그는 이렇게 말하고 서핑 보드를 집어든다.

해일의 발생은 돌 하나를 호수 속에 던질 때의 효과와 비슷하다. 즉 움직이지 않던 수면에 파동이 생긴다. 이 파동은 물결 형태로 사방으로 퍼져나간다. 그러한 물결의 파동은 전자기장의 원형으로서 물리학에서 매우 중요하다.

파도는 어떻게 발생할까

일몰 해안에서 파도타기하는 사람들이 대략 200m 길이의 작은 해안에 모여 있다. 여기가 바로 '반자이 파이프라인'이다. 겨울에 이 해안의 파도는 마치 파이프와 같은 형태를 띤다.

블레즈 파스칼
(1623~1662)
"만약에 신이 존재하지 않는다면 인간은 신을 믿음에도 불구하고 잃을 게 아무것도 없다. 그러나 신이 존재한다면 인간은 신을 믿지 않을 경우 모든 것을 잃는다."
프랑스의 사상가 · 수학자 · 과학자였던 블레즈 파스칼은 학문의 다양한 영역에서 활동했다. 그는 1645년 계산기를 발명하여 아버지의 세금 계산을 도와주었다. 또 기하학과 해석학의 발전에 많은 기여를 했으며 피에르 드 페르마와 함께 확률 이론의 기초를 닦았다. 그의 선생이기도 했던 아버지는 그가 15세가 되기까지는 수학을 멀리 하기를 원했다. 그 때문에 아버지는 심지어 모든 수학책들을 치워버렸다. 하지만 이것이 어린 블레즈의 호기심을 자극했다. 그는 스스로 기하학을 깨우치는 것부터 시작했다. 12세에 그는 이미 삼각형의 세 각의 합이 180°라는 것을 증명했다. 아버지는 그의 천재성을 알아차리고 자신의 생각을 바꾸었으며 모든 지원을 아끼지 않았다. 수학 이외에도 블레즈는 대기의 물리적 현상에 관심이 많았다. 그는 기압과 관련한 실험을 행했으며 진공 공간이 존재한다는 것을 증명했다. 이것은 당시에는 매우 파격적인 생각으로 반발을 불러일으키기도 했다. 1947년에는 유명한 철학자 르네 데카르트("나는 생각한다. 그러므로 존재한다")가 그를 찾아 와 이틀 동안 머물면서 그의 생각을 돌리려고 시도했다. 집으로 돌아간 데카르트는 체념조로 다음과 같이 썼다. "그의 머릿속에는 진공이 너무 많다."

세 사람은 감탄하여 입을 벌린 채 파도를 바라본다.

그들 옆에서는 한 촬영팀이 파도와 파도타기하는 사람들을 필름에 담고 있다.

"우리는 파도 형태와 크기에 관한 과학적 연구를 하고 있습니다." 카메라 뒤에 있던 두 사람 가운데 한 명이 말한다. 갈색 피부를 지닌 그는 자신의 직업에 만족스러워하는 듯이 보인다.

"저렇게 커다란 파도가 생긴다는 것이 어떻게 가능할까요?" 얀이 알고 싶어한다.

"대양의 물은 항상 움직이고 있습니다. 바다 표면의 운동은 바람에 의해 발생합니다."

그러면서 그는 얀의 얼굴에 대고 입김을 분다.

"물의 표면에 부는 바람은 마찰을 통해 물의 맨 윗부분을 어느 정도 끌고갑니다. 따라서 표면의 물 분자들은 바람으로부터 에너지를 얻습니다. 그러나 개별적인 물 분자들은 거의 움직이지 않습니다. 그것들은 오히려 자신들이 얻은 운동에너지를 옆에 전달할 뿐입니다. 그래서 파도를 따라 에너지가 움직이기는 하지만 물 분자 자체는 움직이지 않습니다. 물 분자들은 오히려 제동이 걸리고, 뒤따라오면서 바람에 의해 가속되는 부분들로 인해 밑으로 떠밀립니다. 그것들은 되돌아나와서 결국에는 뒤에서 다시 솟아오릅니다. 그 다음에는 이러한 과정이 새로 시작됩니다. 물 분자들은 마치 파도 크기의 지름을 지닌 보이지 않는 물 바퀴들처럼 움직입니다. 이러한 효과는 물 속에서도 계속 이어집니다. 거기에는 더 높은 곳에 위치한 물 바퀴들의 운동에 의해 추진되는 또 다른 물 바퀴들이 있습니다. 물론 물 속에서의 속도는 마찰로 인해 급격하게 떨어집니다. 그래서 파도 크기의 한두 배 정도 되는 깊이의 물은 표면에 부는 바람의 영향을 전혀 받지 않는다고 할 수 있습니다."

돌풍

"그러한 파도가 생기는 것이 어떻게 가능할까요?" 얀이 다시 한 번 묻는다.

"바다의 산더미 같은 파도는 돌풍에 의해 생깁니다. 작은 파도 위에 부는 바람은 매우 빨라집니다. 여기에서 베르누이의 법칙에 따라 파도를 더 멀리 빨아들이는 저압(低壓)이 발생합니다. 이와는 반대로 파도의 꼭대기 뒤에는 돌풍이 생겨나고, 이것이 바람의 속도를 늦추는 구실을 합니다. 그 때문에 이번에는 베르누이의 법칙에 따라 과중 압력이 생겨나서 파도의 골을 더 깊게 만듭니다. 이 모든 것은 사행천의 생성(32쪽 참조)과 비슷하게 진행된다고 할 수 있습니다."

파도타기

파도는 언제 커지고, 언제 작아질까

과학자는 차분하게 설명했지만 아직 본질적인 주제에는 다가가지 못했다. 과학자의 강연에 흥미를 느낀 얀이 다시 질문한다.

"때에 따라서 커다란 파도가 일어나는가 하면 작은 파도만 생길 때도 있는데, 그 이유는 무엇인가요?"

횡방향과 종방향
횡방향은('반복하여 방향을 돌린다'는 의미의 라틴어 'transversare'에서 유래) 가로 방향을 가로지른다는 의미이며, 종방향은('길이'라는 의미의 라틴어 'longitudo'에서 유래) 세로 방향을 의미한다.

정보상자

진동

흔들이 목마나 흔들의자는 여기에 간여한 에너지들의 지속적인 변화 속에서 이리저리 움직인다. 그 주체는 운동에너지와 위치에너지이다. 운동에너지는 위치에너지로 변환되었다가 다시 뒤바뀐다. 진동의 최고 지점에서는 위치에너지만 있고 속도는 전혀 없다. 최하 지점에서는 속도와 운동에너지가 가장 높다.

이러한 변환은 마찰이 없는 한 에너지 보존의 법칙에 따른다.

이것은 물의 표면에도 똑같이 적용된다. 돌을 던져서 만들어낸 파동들은 원의 형태로 물의 표면을 따라 사방으로 퍼져나간다. 이때 물 분자들은 위아래로 진동한다. 즉 물결이 퍼져나가는 방향에 대해 횡진동한다. 그 때문에 이러한 파동을 횡파(橫波)라고 부른다. 이와는 정반대의 것이 종파(縱波)이다. 여기에서는 파도의 요소들이 파도가 퍼져나가는 방향을 따라 진동한다. 이에 대한 실례로 하나의 깃털을 따라 퍼져나가는 파도를 들 수 있다. 두 개의 고점(高點) 사이의 공간적 거리가 파도의 길이이다. 파도의 진동수는 1초 동안에 생기는 물마루의 수로 계산한다.

"세 가지 요소, 즉

1. 바람의 속도
2. 바람이 파도 지역에 부는 기간
3. 바람이 대양 위에서 방해를 받지 않고 불어온 거리

가 파도의 크기에 중요한 역할을 합니다.

이 세 요소 중의 하나가 증가하면 파도의 에너지뿐만 아니라 그 크

기와 길이도 증가합니다. 이밖에도 파도의 크기는 바다의 조류와 밀물 및 썰물의 영향을 받습니다. 예를 들어 보름과 그믐 때 파도는 항상 가장 크다고 할 수 있습니다. 파도의 위력은 육지에 닿을 때 비로소 나타납니다."

얀은 계속 이어지는 과학자의 설명을 주의 깊게 듣는다. "물의 깊이가 파도 길이의 절반 이하이면 파도는 더 이상 마음대로 퍼져나갈 수가 없습니다. 물 바퀴의 아래 끝에 장애가 생기기 때문입니다. 물 분자들은 더 이상 원을 그릴 수가 없어서 뒤로 돌아가지 못합니다. 그 때문에 그것들은 뒤따라오는 파도에 새로 간여할 수 없습니다. 이때부터는 파도에 보급이 차단되는 겁니다. 결국 파도는 부서지고 맙니다. 이것은 수도꼭지를 갑자기 막아버릴 때와 비슷합니다. 그 다음 파도는 다시 상하 운동을 합니다. 지금까지 넘실대던 파도의 회전 운동 중에서 윗부분만이 잠시 남습니다. 이것은 더 이상 주변에 제동을 걸지 못합니다. 그래서 회전 속도가 강력한 전진 속도로 바뀝니다. 물의 가장 빠른 맨 윗부분은 밑으로 기울어지고 육지와 충돌하면서 부서집니다.

파도의 에너지가 아직 충분하면 파도는 터널이나 파이프라인을 형성합니다. 이때의 파도 높이는 물론 파도의 에너지에 좌우됩니다."

얀은 깊은 감명을 받았다. 과학자는 실제로 그의 질문에 대답해주었다. 서커스 단장이 그에게 감사를 표한 다음 할아버지와 얀을 차에 태우고 집으로 향한다.

파도의 크기

파도의 에너지와 크기는 바람의 속도, 바람이 부는 기간, 바다의 조류, 밀물과 썰물 등 여러 가지 요소에 좌우된다. 보름과 그믐 때 간만의 차가 가장 크기 때문에 파도도 가장 크다.

4. 전자기 현상의 매력

뉴런, 퍼스널 컴퓨터, 커피

얀, 할아버지, 단장이 다시 자동차를 타고 집으로 향하자 고양이는 안도하는 기색이다. 집으로 돌아가면 고양이는 거실 한가운데에 놓인 소파에 누워 텔레비전이라도 보고 싶은 기색이다.

단장은 얀과 할아버지를 자기 집으로 초대한다. 고양이가 거실의 소파를 차지하자 그는 두 사람을 작업실로 안내한다.

얀은 눈앞에 펼쳐진 광경에 매우 놀란다. 실내는 온통 실험 도구들로 어지러울 지경이다.

"아무 데나 앉으세요. 곧 커피를 가져올게요." 단장은 이렇게 말하고 나서 부엌으로 사라진다.

"이런 케이크 틀 모양의 자리에 앉느니 차라리 고양이 위에 앉는 게 낫겠어." 할아버지가 조용히 말한다.

얀은 무질서에도 불구하고 어쩌면 바로 그 때문에 여기가 마음에 든다. 자신의 방도 1년쯤 치우지 않으면 이렇게 될 것이다. 그는 우연히 발견한 풍선을 입에 대고 분다.

전기가 없으면 커피도 끓일 수 없다

"여기가 왜 이 지경인지 궁금할 것입니다." 다시 돌아온 단장이 미안해 한다. "이 모든 것을 고양이 탓으로 돌릴 수도 있겠지요. 하지만 우리 집 고양이는 너무 게을러서 물건들을 어지럽힐 정도도 못됩니다. 여기가 이렇게 엉망인 까닭은 내가 새로운 서커스 공연을 준비하고 있기 때문이에요. 주제는 전기와 자기의 매력에 관한 것입니다. 전기와 자기는 300년 전만 해도 거의 알려지지 않았던 완전히 새로운 세계이지요. 전기와 자기 자체뿐만 아니라 그 관계의 발견은 세상을 바꾸어놓았지요. 전기가 없으면 빛 · 텔레비전 · 전화 · 우주 비행 등은 꿈도 꿀 수 없어요. 물론 커피도 끓일 수 없지요."

단장이 약속한 커피를 가져온다. 세 사람 모두 전기가 있다는 사실에 새삼 기쁨을 느낀다.

뇌에서의 전기 충격

인간도 전기 없이는 제대로 살아갈 수 없을 것이다. 인간은 물론 외형상으로는 전기와 자기적으로 중성이다. 그러나 세부적으로 들어가면 전혀 딴판이다.

인간 내부의 '정보 전달 체계'는 전기와 충격의 교환에 근거하고 있다. 그래서 우리의 운동, 감각의 인지, 생각 등은 전기 충격을 거쳐 조종된다. 그럼에도 불구하고 우리는 전기나 자기의 힘에 대한 감각 기관을 지니고 있지 않다. 우리가 느끼는 전기는, 이를테면 전하(電荷)가 걸린 문고리를 잡는 경우처럼 일시적인 현상에 국한되어 있다.

"그런 까닭에 인간은 먼저 측정기를 만들어야 했지요." 할아버지가 설명한다.

"맞습니다. 여기 작업실에도 몇 개 있어요." 단장이 맞장구를 친다.

"측정 종류들은 우리의 일상적인 감각과는 아무런 관계가 없는 개념이에요. 부하, 전류의 강도, 전압, 저항, 자기장의 강도, 콘덴서의 용량, 자기 유도계수 등의 개념이 바로 그것입니다. 측정 단위들은

뉴런
우리 뇌의 구성 분자들인 뉴런은 인터넷과 데이터 네트워크를 가능하게 하는 컴퓨터와 마찬가지로 전기 충격의 도움으로 서로 소통한다. 그럼에도 불구하고 인간과 인간의 오성은 전기의 세계를 이해하는 데 많은 어려움을 느끼고 있다. 주된 이유는 우리가 전기나 자기의 힘을 감지하는 감각 기관을 지니고 있지 않기 때문이다. 최소한 지금까지는 그러한 기관이 발견되지 않았다.

더욱 생소합니다. 미터나 킬로그램 대신에 쿨롱 · 암페어 · 볼트 · 옴 · 가우스 · 패럿 · 헨리 등의 단위를 사용하지요. 매우 짧은 기간에 만들어진 이 용어들은 이해하기가 쉽지 않지만 통일된 측정 체계라는 점에서 역학의 단위 체계에 비해 장점을 지니고 있어요. 다시 말해서 마일 · 피트 · 온스 · 야드 등과 같은 영국의 단위를 미터 단위로 환산해야 하는 번거로움은 없어요. 마찬가지로 우리가 쓰는 온도 단위인 섭씨와 미국의 화씨 단위로 바꿀 필요도 없지요."

"영국에서 전기는 자동차 도로에서처럼 왼쪽으로 흐르나요?" 얀이 묻는다.

"예외적으로 모든 전기는 어디에서나 똑같은 방향으로 흐른단다. 그렇기 때문에 전기와 자기의 세계는 첫눈에 보는 것과는 달리 전혀 복잡하지 않아. 서커스 공연에도 누구나 쉽게 따라해볼 수 있는 간단한 것들이 많을걸."

전자기 현상의 측정 단위
모든 측정 단위들은 지난 몇 백 년 동안 전기와 자기 연구에서 성과를 거둔 유명한 과학자들의 이름을 딴 것이다.

전하

마법의 빗

몇 개의 종잇조각을 손대지 않고 들어올릴 수 있을까?
우선 빗을 머리에 대고 몇 번 문지른다. 빗질할 때 이미 머리카락들이 위로 끌어당겨지는 것을 느낄 수 있다. 머리카락을 쓰다듬으면 심지어 바지직 소리가 나기도 한다. 공기가 건조하면 더욱 그렇다. 이제 머리카락 속을 통과한 빗을 종잇조각 위에 갖다댄다. 종잇조각들은 빗에 달라붙어 위로 들어올려진다. 사전에 빗을 양모에 몇 번 강하게 문지르면 더 효과적이다.

단장은 그 사이에 얀이 불어놓은 풍선을 집어든다. 그는 풍선을 자신의 양모 스웨터에 몇 번 문지른 다음 머리 바로 위에 갖다댄다. 갑자기 머리카락들이 일어서더니 머리로부터 수직이 된다. 그것들은 풍선에 가까워지자 바지직 소리를 내지만 얀의 웃음소리에 묻혀버린다.

"풍선은 양모 스웨터와의 마찰로 인해 전하를 받았어요. 이 전하가 부분적으로 머리카락으로 옮겨가지요. 이를 통해 풍선이 머리카락을 끌어당깁니다." 단장이 설명한다.

그는 풍선을 천장에 갖다대더니 손에서 놓는다. 풍선은 천장에 달라붙어 떨어지지 않는다. 얀과 할아버지는 믿을 수 없다는 듯이 위를 쳐다본다. 고양이조차도 그들 곁에 다가와서 풍선 쪽으로 뛰어오르려고 한다.

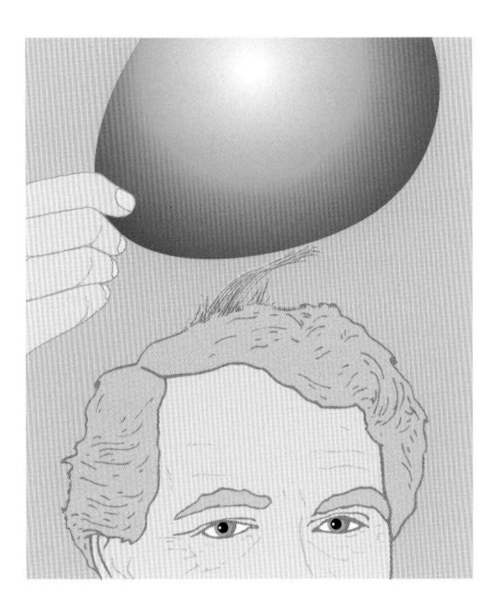

풍선을 머리 바로 위에 갖다대면 머리카락들이 일어선다.

"고양이의 행동은 공연과 상관없는 일이에요. 풍선이 떨어질 때까지 고양이는 계속 저러고 있을 것입니다." 단장이 말한다.

"그 동안에 전하에 관한 몇 가지 묘기를 보여드리겠어요. 이 묘기는 집에서도 쉽게 따라 할 수 있지요."

전하를 이용하여 끌어당기는 묘기

접착제 없이 접착하기

다양한 물질들을 접착제 없이도 서로 붙일 수 있다. 그것들은 최소한 잠시 동안은 달라붙어 있다. 이를 위해서는 양모, 이를테면 양모 스웨터가 필요하다. 거기에 빨대를 몇 번 문지른 다음 벽으로 가져간다. 빨대는 마치 자석처럼 벽에 달라붙는다. 이 묘기는 종이나 고무풍선을 이용해서도 보여줄 수 있다. 이것을 담요 · 옷 · 문 등에 갖다 대면 달라붙는다. 공기가 서늘하고 메마를수록 묘기는 더욱 효과적이다. 예를 들어 고무 풍선은 마찰을 통하여 전하를 받는다. 이 전하가 벽에 끌어당기는 힘을 행사하여 달라붙게 만든다.

물줄기 바꾸기

빗이나 플라스틱 숟가락을 양모에 문지른다. 조심스럽게 수도꼭지를 틀고 빗을 물줄기 근처에 갖다댄다. 물줄기에 어떤 변화가 일어날까? 물줄기는 빗에 의해 끌어당겨진다. 그 때문에 물줄기는 활 모양으로 휜다. 빗을 물줄기에 가까이 갖다댈수록 물줄기는 빗의 전하에 의해 더 강하게 끌어당겨지고 원래의 운동 방향에서 더욱 벗어난다.

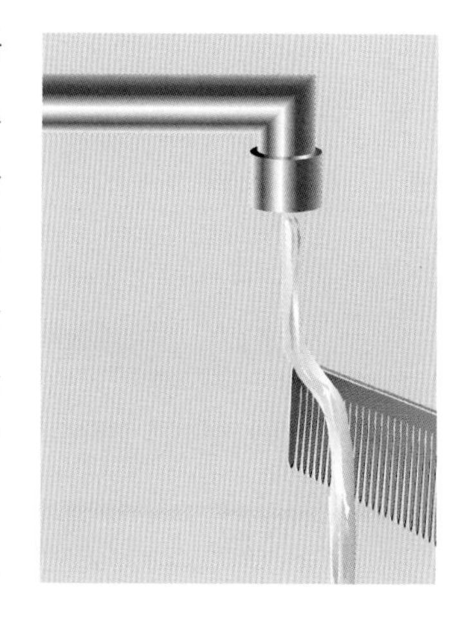

그러나 빗을 든 사람이 물줄기에 너무 가까이 다가가거나 빗이 물에 닿으면 마술은 효력이 없어진다. 물줄기는 다시 수직으로 떨어진

점장은 어떻게 기능할까

대전(帶電)된 절연체와 물 사이의 끌어당기는 힘이 점장(占杖: 광맥 · 수맥을 찾는 데 사용되는 버드나무, 개암나무 등의 두 갈래로 갈라진 나뭇가지-옮긴이)의 기능을 설명하는 핵심이다. 어느 지점에서 두 손에 든 점장이 가볍게 흔들리면 그 밑에 물이 흐른다는 증거이다. 사전에 마찰을 통하여 대전된 점장은 수맥이 근처에 있으면 가볍게 서로를 끌어당긴다.

다. 물과의 접촉으로 인해 빗은 전하를 잃고 만다. 물은 전기 전도성이 높기 때문이다. 이것은 전하를 이용한 공연은 건조한 환경에서 해야 더욱 효과적이라는 것에 대한 설명이기도 하다. 왜냐하면 축축한 공기 속에서는 물방울과의 접촉으로 인해 전하가 전도되고 말기 때문이다.

후추와 소금을 어떻게 분리할 수 있을까

물론 전하를 이용하여 분리할 수 있다. 먼저 책상 위에 소금과 후추를 쏟은 후에 섞는다. 전하의 끌어당기는 힘이 없다면 이 두 물질을 분리하는 일은 어림도 없다.

플라스틱 숟가락을 양모에 문지른 다음 두 물질이 섞여 있는 혼합물 위에 천천히 접근시킨다. 갑자기 후추 알갱이들이 숟가락에 달라붙는다. 그 이유는 후추가 소금보다 더 가볍고 따라서 숟가락과의 거리가 소금보다 더 먼 상태에서도 중력을 이겨내기 때문이다. 숟가락은 소금도 끌어당긴다. 이때는 물론 숟가락을 소금 위에 더 가까이 가져가야 한다. 어느 순간 전하가 끌어당기는 힘이 소금의 중력보다 더 커지면서 소금도 숟가락에 달라붙는다.

서로를 밀쳐내는 전하

고무 풍선은 여전히 천장에 달라붙어 있다. 고양이는 그 사이에 체념한 듯이 위로 뛰어오르는 동작을 그만두었다. 고양이는 이제 눈을 동그랗게 뜨고 고양이 먹이를 선전하는 텔레비전 광고를 쳐다보고 있다.

단장은 이 틈을 이용하여 두 개의 또 다른 풍선을 분 다음 실 하나에 두 풍선을 묶어 연결한다. 그는 두 풍선을 자신의 양모 스웨터에 잠시 문지른다. 뒤이어 그는 실에 매달린 두 풍선을 밑으로 늘어뜨려 이리저리 흔들리게 만든다. 이번에는 두 풍선이 서로를 밀쳐낸다.

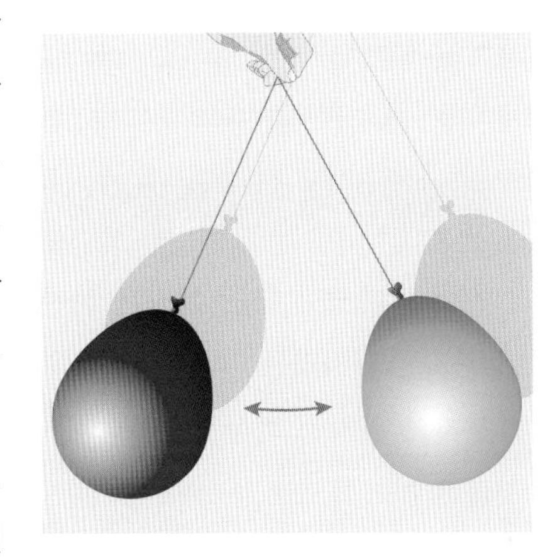

"어떻게 이런 일이 가능할까요?" 얀이 묻는다. "조금 전까지만 해도 풍선은 아무 데나 달라붙었는데……."

전기의 발견

"2,500년 전에도 그리스 밀레토스의 만물박사 탈레스가 똑같은 질문을 했단다." 단장이 대답한다. "그는 BC 560년에 호박(琥珀)을 어떤 물질에 문지르다가 처음으로 전기의 놀라운 특성을 발견했어. 호박이 지푸라기 조각들을 끌어당겼던 거야. 전기라는 이름도 여기에서 유래했어. 호박은 그리스어로 '엘렉트론'이거든. 하지만 정식으로 전

밀레토스의 탈레스

(BC 640~BC 560)

그리스의 수학자 · 철학자 · 천문학자였던 탈레스는 아마도 최초의 자연과학자였다. 그 이전의 시대에는 대부분의 자연현상을 신들의 몫으로 생각했다. 그래서 번개와 지진은 각각 신들의 아버지인 제우스와 바다의 신 포세이돈의 분노로 실명되었다. 이와는 달리 탈레스는 지진에 관한 새로운 이론을 발전시켰다. 그는 지구를 물로 이루어진 끝없는 대양에 떠 있는 평면으로 생각했다. 그래서 보트와 같은 지구가 이따금 물 위에서 흔들릴 때 지진이 발생한다고 여겼다.

그의 괄목할 만한 업적은 BC 585년의 일식을 예측한 일이었다. 이 예측은 그 이전에 발생한 일식들의 규칙성을 연구한 결과에 근거했다. 이를 통해 일식이 언제 일어날지는 알 수 있었지만 장소와 규모는 확실하지 않았다. 어쨌든 탈레스가 예측한 일식은 실제로 그리스에서 일어났다. 그 때문에 이 예측은 '운이 좋은' 경우로 생각할 수 있지만 '독보적인' 것임에도 틀림없다.

기라는 이름을 붙인 사람은 영국의 의사 길버트였어. 1590년 그가, 때로는 끌어당기고 때로는 밀쳐내는 이 새로운 종류의 힘에 처음으로 전기라는 이름을 붙였단다."

탈레스가 발견한 전기는 다른 많은 위대한 발명품과 마찬가지로 수 세기 동안 거의 관심을 끌지 못했으며 오히려 오락의 일종으로 평가 절하되었다. 전기 이외에도 탈레스는 기하학과 수학에서 수많은 중요한 원리들을 발견했다.

물질들은 왜 서로를 끌어당길까

이미 알다시피 모든 물질은 분자라는 미립자들로 이루어져 있다. 이 분자는 원자라는 더 작은 부분들로 이루어져 있다.

분자와 원자는 정상적인 상태에서는 전기적 힘을 갖지 않는다. 이것들은 전기적으로 중성이라고 말할 수 있다. 원자는 매우 작지만 가장 작은 최소 단위는 아니다. 원자는 원자핵과 그것을 둘러싸고 있는 전자들이 결합한 형태를 이루고 있다. 원자핵은 원자의 거의 모든 질량을 가지고 있다. 전자들은 핵보다 훨씬 가벼운 대신에 운동성이 더 좋다. 예를 들어 풍선을 양모에 문지르면 몇몇 전자들이 양모에서 떨어져나와 풍선으로 옮겨간다. 그럼으로써 풍선은 전하를 갖게 된다. 다시 말해서 이러한 전하는 전자들이 풍선으로 옮겨간 결과이다.

이것은 각각의 전자가 전하를 지니고 있으며 원자핵 역시 이에 상응하는 반대 전하를 지니고 있음을 뜻한다. 왜냐하면 원자는 전기적으로 중성이기 때문이다. 그런 까닭에 양모도 마찬가지로 전하를 지니게 된다. 양모의 전자들이 떨어져나갔기 때문에 양모는 물론 정반대의 전하를 지니고 있음이 분명하다.

물에 대한 탈레스의 생각

탈레스는 물이 모든 사물의 원소이며 우주의 모든 사물은 물로 이루어져 있다고 생각했다. 기하학과 수학의 중요한 원리들을 발견한 것 이외에도 탈레스는 전기를 발견했다.
탈레스는 사업 수완도 좋았다. 예를 들어 그는(정확히는 알려지지 않은 천문학적인 관찰을 통하여) 다음해에 밀레토스에서 올리브 작황이 아주 좋을 것임을 예견했다. 그래서 그는 겨울에 이미 도시와 그 주변의 올리브 제유용 압착기를 모두 사들였다. 실제로 다음해 올리브 작황이 좋아 그는 압착기를 최고 가격으로 임대할 수 있었다. 이로써 "철학자는 언제든지 부자가 될 수 있다"라는 그의 주장이 증명되었다.

정보상자

쿨롱

전하가 클수록, 그리고 거리가 짧을수록 전기력은 더 강하다. 전기력의 이러한 관계를 쿨롱이라고 한다. 이 이름은 이것을 발견한 사람 가운데 한 사람인 샤를르 오기스테 쿨롱(1736~1806)에서 따온 것이다. 충격 · 에너지 · 질량의 경우와 마찬가지로 일정한 시스템 내에서 전하의 양은 변하지 않는다. 즉 보존의 법칙에 따른다. 따라서 전하를 측정하는 일은 중요하다. 질량을 킬로그램 단위로 측정하는 것과 비슷하게, 전하의 측정 단위는 쿨롱이다.

전하는 플러스일 수도, 마이너스일 수도 있다. 사람들은 전자들이 마이너스 전하를 지닌 반면에 원자핵은 플러스 전하를 지니고 있다고 규정했다.

두 물질의 전하가 이것들 사이에 전기적으로 끌어당기는 힘의 원인이다. 앞에서 살펴본 바와 같이 동일한 전하를 지닌 물질들은 서로 밀쳐낸다. 이와는 반대로 상이한 전하를 지닌 물질들은 서로를 끌어당긴다. 이것은 단지 끌어당기기만 하는 중력과는 커다란 차이를 보인다.

"왜 풍선이 천장에 달라붙어 있는지 아직도 정확히 모르겠어요." 할아버지가 말한다.

"그래요, 저도 모르겠어요. 천장은 원래 전기적으로 중성이잖아요. 중성인 물질들은 전기적으로 끌어당기지 않을 텐데요." 얀이 맞장구를 친다.

"물론 그 말이 맞아요. 하지만 천장의 전하는 풍선으로 인해 쉽게 움직이지요. 천장의 운동성이 좋은 전자들은 풍선의 마이너스 전하에 밀려나 접촉면에서 떨어져나가지요. 이때 천장의 분자들은 양극화한 상태라고 말할 수 있어요. 이를 통해 표면에는 가벼운 플러스 전하가 생겨나요. 그 때문에 풍선이 끌어당겨지는 겁니다. 이것은 소위 검전기를 이용하여 측정할 수 있어요. 전하를 측정하는 간단한 검전기는 집에서도 만들 수 있지요."

검전기 만들기

만드는 방법

전하의 크기를 측정하기 위해서는 다음과 같은 방법으로 간단한 검전기를 만들 수 있다. 여기에는 유리병, 예를 들어 코르크 마개가 있는 술병과 구리선 등이 필요하다.

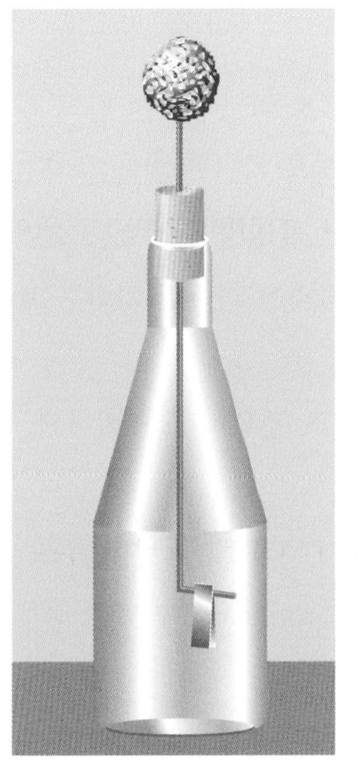

1단계

구리선을 긴 'L' 자형으로 만든 다음 코르크 마개에 끼운다.

2단계

가운데를 접은 알루미늄 은박지 판을 구리선의 짧은 부분에 걸쳐놓는다.

3단계

이것을 병 속에 집어넣고 코르크 마개로 병 입구를 막는다.

4단계

구리선의 튀어나온 부분에 알루미늄 은박지를 뭉쳐서 만든 작은 공을 끼운다. 이로써 검전기가 완성되었다.

실험 대상을 알루미늄 공에 갖다대면 전하가 구리선을 타고 병 속 구리선에 걸쳐 있는 알루미늄 은박지 판으로 전달된다. 동일한 전하들은 서로 밀쳐내기 때문에 알루미늄 판은 실험 대상이 가진 전하의 크기에 따라 벌어진다.

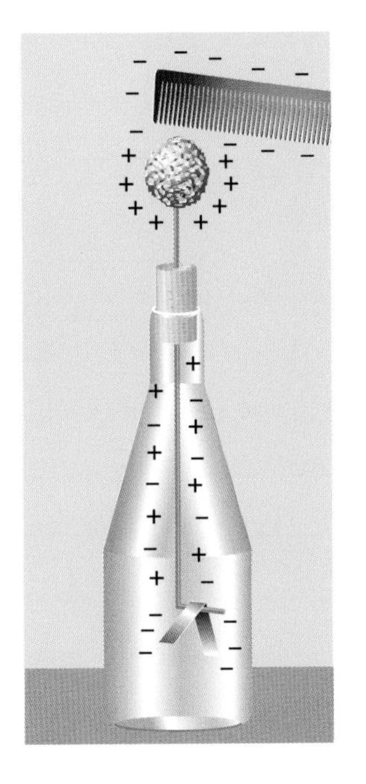

알루미늄 판의 움직임
마이너스 전하가 흐르는 빗을 알루미늄 공 가까이에 가져가면 빗으로 인해 검전기가 분극화하기 때문에 알루미늄 판이 벌어진다.

검전기를 이용한 측정

a) 분극(分極) 형태의 전하

빗을 양모 수건에 문질러 강한 마이너스 전하를 만들어낸다. 그 빗을 조심스럽게 검전기의 공에 가까이 갖다댄다. 그러면 알루미늄 판이 벌어진다.

그 이유는 검전기의 분극화에 있다. 마이너스 전자들은 빗에서 떨어져나와 구리선을 따라 움직인다. 빗과의 접촉이 전혀 없는 상태에서 전자들이 알루미늄 판을 움직인다.

빗을 다시 알루미늄 공에서 떼어내면 알루미늄 판은 다시 오므라든다. 밀려난 전자들이 다시 알루미늄 공 방향으로 돌아가고 알루미늄 판에는 더 이상 그 어떤 전하도 없다.

일광욕

신뢰할 만한 결과를 얻기 위해서는 병과 코르크 마개가 완전한 건조 상태에 있어야 한다. 따라서 코르크 마개로 닫기 전에 병을 잠시 햇볕에 말리는 것이 좋다. 병의 건조 상태가 좋지 않으면 전하는 전도성이 좋은 물기 때문에 상당히 빨리 방전될 수 있다.

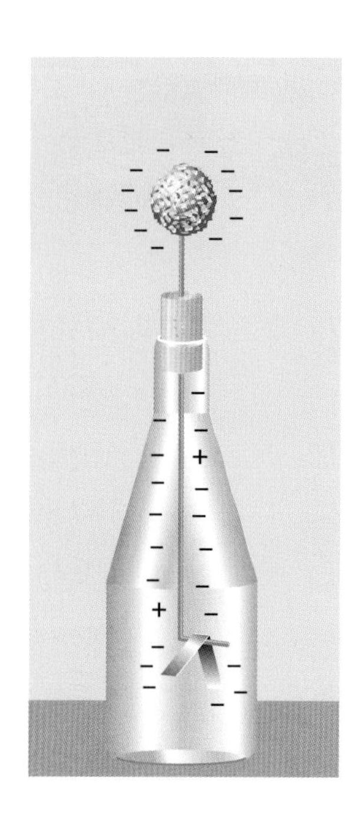

b) 마이너스 전하

이번에는 전하가 걸린 빗을 알루미늄 공에 갖다댄다.

마이너스 전하가 검전기에 전이되고 알루미늄 판이 벌어진다.

빗을 다시 알루미늄 공에서 떼어내도 알루미늄 판의 움직임은 그대로 유지된다. 이번에는 전하가 실제로 전이되었기 때문이다.

검전기의 전하를 없애는 방법을 생각해 보자. 이것은 알루미늄 공에 손가락을 갖다대는 즉시 성공할 수 있다.

c) 분극화를 통한 플러스 전하

다음과 같은 방법을 이용하면 검전기는 플러스 전하를 띤다.

마이너스 전하가 걸린 빗을 다시 한 번 알루미늄 공에 가까이 가져간다. 이때 빗이 알루미늄 공에 닿지 않도록 주의한다. 이를 통해 구리선 내부의 마이너스 전하가 빗에 의해 밀려난다. 따라서 알루미늄 판의 양쪽 면과 알루미늄 공 주위에는 마이너스 전하가 걸리게 된다. 이 전하는 알루미늄 공에 손가락을 1초 정도 갖다대면 없어진다. 몇몇 전사들은 전기적으로 중성인 손가락으로 빠져 달아나고 검전기의 나머지 전하는 플러스가 된다.

빗을 알루미늄 공에서 떼어내도 알루미늄 판은 벌어진 상태를 계속 유지한다. 그 전하가 플러스라는 사실은 알루미늄 공에 마이너스 전하가 약하게 걸린 빗을 몇 번 갖다대면 쉽게 알 수 있다. 이를 통해 알루미늄 판은 다시 오므라든다. 따라서 그 전의 전하가 플러스였음이 분명해진다.

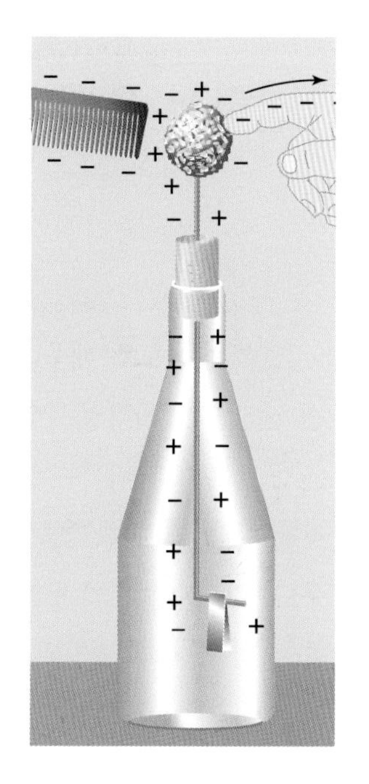

빌케는 누구인가
스웨덴의 물리학자 요한 카알 빌케(1732~1796)는 스톡홀름의 과학아카데미에서 강의했다. 1757년에 그는 마찰 전기의 전압에 따르는 순서를 확립했다. 1772년에 그는 상이한 물체들의 특수한 열 에너지를 연구했다.

d) 마찰을 통한 플러스 전하
빗에 전하가 걸리게 하는 데 사용한 양모를 알루미늄 공에 가까이 갖다댄다. 다시 검전기가 작동하여 알루미늄 판이 벌어진다. 빗에 플러스 전하가 걸렸기 때문이다.

얀은 검전기에 매료되어 여러 가지 물체들을 마찰하여 실험해본다. 전자를 내주거나 받아들이는 정도는 물질마다 다르다.

이러한 차이는 결정 격자 내에서의 분자 구조와 물질 표면의 조건에 달려 있다. 물질들은 이른바 정(靜)전기학적인 순서에 따라 배열할 수 있다. 1757년에 J. C. 빌케가 이것을 처음으로 시도했다.

어떤 물질이 다른 물질과 마찰할 때 전자를 쉽게 받아들일수록 그 순서는 더 앞선다. 이에 속하는 물질로는 예를 들어 고무와 비닐을 들 수 있다. 그 반대편에는 유리와 양모가 위치한다.

얀은 정전기학적인 순서가 가능한 한 멀리 떨어져 있는 물질들을 마찰시킬 때 전기가 보다 쉽게 일어난다는 사실을 밝혀냈다. 각각의 물질마다 전하가 걸리는 정도는 천차만별이다.

전하는 움직인다 – 전류

“전하는 용도가 매우 다양하지요.” 단장이 설명을 계속한다. “전하는 말하자면 움직일 수도 있어요. 이를 통해 전류가 발생합니다. 전류가 흐르기 위해서는 도체가 필요해요. 지금까지 관찰한 것처럼 마찰을 통해 전하가 만들어지는 물질들을 부도체라고 하지요. 대신에 부도체는 전하를 저장해요. 물과 금속은 양도체예요. 금속은 전자들을 결정 격자의 고정된 자리에 내몰지 않게끔 배열되어 있지요. 그 때문에 금속 안의 전자들은 매우 활발한 운동성을 지니고 있으며 전하를 순식간에 운반할 수 있어요. 이런 방식으로 전류가 발생하며 이따금 불꽃이 일어나기도 해요.”

번개와 불꽃 – 전류의 위험성

“불꽃을 보고 싶어요.” 얀이 요구한다.

“그것보다 쉬운 것도 없지.” 단장이 말한다.

“물기가 없는 유리잔과 케이크 굽는 철판만 있으면 되거든……. 그게 어디 있더라? 아마 의자 위에 있을 거야.” 이렇게 말한 단상이 철판을 끄집어낸다.

단장은 유리잔을 책상 위에 올려놓고 그 위에 다시 철판을 올려놓는다. 그는 마찰을 통해 풍선에 전하를 준 다음 그것을 철판 위에 올려놓는다. 그는 얀을 가까이 오게 하고 나서 말한다. “손가락 하나를

정보상자

정전기학적 순서

마찰을 통해 물질들은 상이한 전하를 갖는다. 서로 마찰시킨 두 물질 중 하나는 다른 하나보다 더 쉽게 상대방에게 자신의 전자를 줌으로써 플러스 전하를 갖는다. 따라서 다른 하나는 마이너스 전하를 갖게 된다.

수많은 물질들을 비교해보면 정전기학적 순서를 매길 수 있다. 그 순서는 가장 쉽게 전자를 주는 물질부터 시작하여 전자를 가장 효과적으로 받아들이는 물질로 끝난다. 그 순서는 다음과 같다.

(−) 비닐, 음반, 딱딱한 고무, 셀룰로이드, 유황, 풍선, 폴리에틸렌, 호박, 밀납, 나무, 솜, 종이, 비단, 고양이 가죽, 양모, 나일론, 유리, 토끼 가죽, 석면 (+).

철판 가까이 갖다대 보거라."

단장이 전등을 끈다. 얀은 머뭇거리며 손가락을 철판 가까이 갖다 댄다.

실제로 갑자기 작은(전혀 위험하지는 않은) 불꽃 하나가 철판에서 손가락으로 옮겨간다.

"불꽃은 철판 때문에 일어나는 것 같아요." 할아버지가 말한다.

"철판은 전도성이 좋기

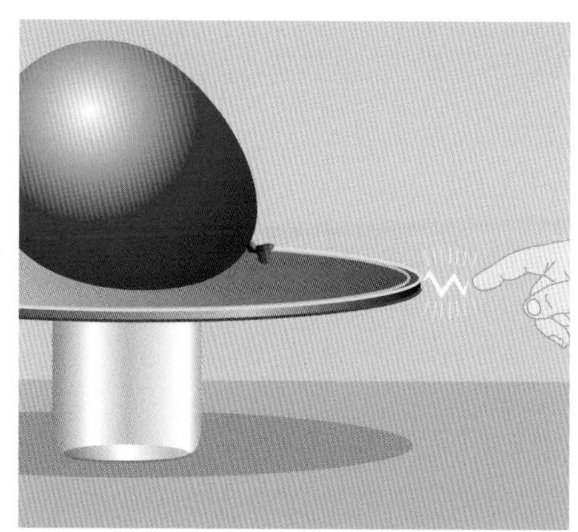

손가락을 철판 가까이 갖다대면 풍선의 전하가 옮겨가면서 작은 불꽃이 발생한다.

전하의 균형
전도성이 좋은 물체와 접촉하면 전하는 순식간에 균형을 이룬다. 예를 들어 백화점의 양탄자 위에서 신발 밑창을 질질 끌며 지나가면 전하를 받게 된다. 이것 역시 두 물질이 서로 마찰을 일으킨 때문이다. 이를 통해 발생한 전하의 강도는 습도 이외에도 신발 밑창과 바닥의 재질에 따라 다르다.

때문에 기회만 닿으면 풍선의 전하를 전달하려고 해요. 공기와 물기가 없는 유리잔은 전도성이 없어요. 단지 얀의 손가락이 문제일 뿐이지요. 손가락이 다가가는 어느 순간 철판에 있는 전하 전부가 한꺼번에 손가락으로 옮겨가면서 불꽃을 일으키는 겁니다. 불꽃과 전기 충격은 문고리, 자동차 문, 스팀 등에서도 발생해요."

고(전)압 실험

전혀 위험하지 않은 불꽃을 발생시키는 이 실험에는 못 쓰는 음반과 과자통의 양철 뚜껑 같은 것이 필요하다. 먼저 음반을 알루미늄 박지 위에 올려놓는다.

1단계
속이 빈 플라스틱 관(최소한의 높이:5cm)을 양철 뚜껑에 접착시켜 손잡이로 사용한다. 이밖에 가위와 철사를 준비한다.

2단계
손이나 양모로 음반을 힘차게 문지른다. 양철 뚜껑을 음반 위에 올려놓는다. 이때 플라스틱 손잡이를 잡고 옮긴다. 정상적인 경우 마이너스 전하를 지닌 음반 가까이 갖다대면 양철 내부의 전하는 분극화한다. 음반 근처에는 플러스 전하가 더 많이 모이는 반면에 전자들은 그 반대편에 놓인다.

3단계
손가락 끝을 양철 뚜껑에 조심스럽게 갖다대면 전하가 미세한 불꽃을 내며 양철 뚜껑에서 손가락으로 옮겨간다. 알루미늄 박지에 손가락을 갖다대는 경우에도 작은 불꽃이 일어난다. 알루미늄 박지 위에는 음반과의 마찰을 통해 발생한 플러스 전하가 놓여 있다.

4단계

도체를 이용하여 양철과 알루미늄 박지를 연결시키면 더 커다란 불꽃을 발생시킬 수 있다. 그러기 위해서 철사나 가위를 두 금속 표면에 동시에 갖다댄다.

두 금속의 전하가 균형을 이루는 과정에서 작은 불꽃이 생겨난다. 두 금속 표면에는 이제 플러스 전하가 균등하게 놓여 있다. 양철 뚜껑을 잡고서 음반에서 약간 들어올린다. 이것은 전하들이 자체적으로 끌어당기는 힘과는 반대로 분리되는 것이기 때문에 어느 정도 힘을 가해야 한다. 왜냐하면 음반은 계속 마이너스 전하를 지니지만 양철 뚜껑은 플러스 전하를 지니기 때문이다.

손가락을 양철 뚜껑 가까이 갖다대면 전하가 양철 뚜껑에서 손가락으로 옮겨간다.

두 금속 표면은 한가운데에 있는 판과 함께 소위 콘덴서를 형성한다. 도체인 두 콘덴서 판의 거리가 클수록 그 사이의 전기 에너지와 전압은 더 커진다. 손가락을 양철 뚜껑에 가까이 갖다대면 몇 센티미터 떨어진 거리에서도 강력한 불꽃이 발생하면서 건강에 전혀 지장이 없는 충격을 주게 된다.

전압 측정
전압의 강도는 볼트 단위로 측정한다. 콘덴서의 판들이 서로 멀리 떨어져 있을수록 전압은 더 강해진다. 이때 전하는 변동이 없다.

콘덴서 · 전압 · 전하 · 용량

콘덴서는 전기 에너지와 전하를 저장하는 장소이며, 전하가 서로 다른 두 개의 판으로 이루어져 있다. 이 두 개의 판을 분리시키려면 전기적으로 끌어당기는 힘, 즉 쿨롱에 상응하는 힘을 가해야 한다. 이것은 돌을 바닥에서 들어올리는 일과 비교 가능하다. 이때 돌은 높이 들어올릴수록 위치에너지를 더 많이 받는다. 이와 마찬가지로 콘덴서의 판들은 이른바 전기적인 위치에너지, 즉 우리가 흔히 말하는 전압을 더 많이 받는다.

두 개의 판을 분리시키면 콘덴서의 형태가 변한다. 이것은 이른바 용량에 영향을 미친다. 콘덴서의 용량은 콘덴서가 특정한 전압에서 얼마나 많은 전하를 받아들일 수 있느냐를 말한다. 높은 용량을 지닌 콘덴서는 낮은 용량을 지닌 콘덴서와 비교할 때 똑같은 전압에서 더 많은 전하를 받아들일 수 있다. 전기 용량의 단위는 패럿이다.

"악천후 때 번개가 치는 과정도 이와 똑같아요." 단장이 말한다. "번개는 작은 도시에 1년 동안 전기를 공급할 수 있을 만큼 충분한 에너지를 지닌 굉장한 전압을 지니고 있어요. 악천후 때 구름 내부에서는 엄청난 전하가 만들어지지요. 구름 속에서 얼음 조각과 물방울이 서로 마찰을 일으켜요. 그것들은 기류로 인해 심하게 부딪히면서 전하를 갖게 되지요. 전하를 지닌 미립자들은 구름 속

의 여러 곳에 모여요. 플러스 전하를 지닌 미립자들은 위로 올라가는 반면에 마이너스 전하를 지닌 미립자들은 구름의 아랫부분에 자리잡아요. 말하자면 구름은 운동성이 좋은 거대한 콘덴서입니다. 기류로 인해 전하들이 구름의 몇몇 지점에서 서로 가까워질 때 거대한 불꽃이 만들어져요. 이 불꽃은 마이너스 층위에서 나와 플러스 전하 방향으로 방전하는 전자들의 빛줄기로 이루어져 있지요. 구름 내부의 공기는 강한 열을 받아서 밝게 빛납니다. 그래서 구름 전체가 빛을 내는 것처럼 보이는 겁니다."

높은 전압은 어떤 방식으로 얻을까

콘덴서의 용량은 무엇보다도 두 개의 판 사이에 있는 부도체의 전기적 특성과 양도체 판들 사이의 거리에 의해 결정된다. 양도체 판들 사이의 거리가 멀어지면 용량은 줄어든다. 콘덴서의 용량이 점점 더 작아질수록 양도체 판들 사이의 전압은 더 높아진다. 따라서 콘덴서의 판들을 잡아당겨서 갈라지게 하면 매우 높은 전압을 얻을 수 있다.

"따라서 전자들을 지닌 번개는 구름 내부의 아래에서 위로 향하겠군요. 그렇다면 어째서 여러 갈래로 뻗은 번개는 구름에서 아래로 향할까요?" 할아버지가 묻는다.

이 질문에 대해서도 단장은 답변할 준비가 되어 있다. "그것은 상당히 복잡합니다. 아마도 그 번개는 구름의 밑바닥에 플러스 전하들이 모여 생겨났을 겁니다." 단장이 말한다. "그 때문에 구름 하단의 마이너스 전하들도 밑으로 방전하지요. 그 전하들은 구름

언저리의 플러스 전하들 너머로 튀어나올 정도로 엄청납니다. 그것들은 일종의 전기 운하를 형성하여 하단의 대기층에 들어 있는 공기의 플러스 전하 방향으로 계속 흐르지요. 여러 개의 플러스 전하가 모이면 번개는 그 때문에 널리 알려진 형태로 가지를 치게 되지요. 결국 번개는 이상적인 경우 땅바닥에 방전합니다."

번개의 전도성

피뢰침은 번개로부터 집을 보호한다. 번개는 집 대신에 피뢰침 속으로 흘러들어가 별다른 손해를 끼치지 않고 대부분 땅 속으로 전도된다. 이러한 원칙이 피뢰침에 적용되는 것과 마찬가지로 야외에 서 있는 나무와 사람은 위험하다.

번개가 칠 때 나무 밑으로 피해야 하느냐는 질문을 둘러싸고 이런 저런 의견이 제기되었다. 예를 들어 "너도밤나무를 찾아라. 참나무는 피해야 한다"라는 말이 있다. 악천후 때 어째서 너도밤나무가 참나무보다 더 안전할까?

나무 밑으로 피한다?

나무는 피뢰침과 똑같은 역할을 한다. 악천후 때 내리는 비에 젖은 나무 줄기는 피뢰침의 금속과 똑같은 정도로 전기를 전도한다. 그러나 번개가 땅 속으로 전도될지의 여부는 나무 줄기와 가지의 성질에 달려 있다. 너도밤나무는 줄기가 매끈하여 수막을 형성하기에 좋은 조건을 갖추고 있다. 번개는 이 수막 위를 지나 땅 속으로 들어갈 가능성이 있다. 이와는 달리 참나무는 줄기 표면이 거칠어서 비가 조금 내릴 경우 수막을 형성하지 못한다. 물은 마치 번개처럼 오히려 여러 갈래로 나뉜 상태에서 나무 내부로 스며든다. 번개는 더 이상 줄기를 따라 밑으로 향하지 않고 직접 나무 내부로 파고들어가 일종의 폭발과 함께 나무 진체를 불길에 휩싸이게 한다. 따라서 야외에 홀로 서 있는 참나무 근처에 몸을 피하는 것은 좋은 방법이 아니다. 다른 나무들 사이에 있는 참나무로 피하는 것이 좋다. 왜냐하면 나무가 벼락에 맞을 경우 벼락은 지표면을 따라 나무 줄기 주변으로 퍼져나가기 때문이다. 이 벼락은 무엇보다도 두 발로 서 있거나 땅바닥에 누워

악천후 때는 어떻게 해야 할까

악천후 때는 예를 들어 자동차 안이나 집안으로 대피하는 것이 가장 좋다. 들판과 같은 야외에서는 주변에서 가장 높은 지점이 될 우려가 있으므로, 벼락을 맞지 않기 위해서는 땅바닥에 웅크리고 앉는 것이 가장 좋다.

정보상자

피뢰침

미국의 계몽주의자 벤저민 프랭클린(1706~1790)이 피뢰침을 최초로 발명했다. 그는 연에 고정시킨 도체를 이용하여 구름에서 전하를 흡수하였다. 마이너스 전하를 지닌 전자들의 빛인 번개는 밑으로 떨어지는 과정에서 가장 가까운 곳의 플러스 전하를 목표로 삼는다. 그 거리가 가까울수록 더욱 좋다. 따라서 벼락은 대부분 지표면에서 가장 높은 곳, 예를 들어 커다란 나무에 떨어진다. 전기의 분극화 현상 때문에 지표면의 모든 물체는 뾰족한 부분에 플러스 전기장을 받는다. 금속이나 물과 같은 도체에서는 물론 분극화 현상이 특히 잘 일어난다. 따라서 이러한 물체들은 번개를 곧바로 끌어당긴다. 이 물체의 위치가 높을수록 벼락이 떨어질 확률이 더 높다.

벼락으로부터 몸을 보호하는 최선의 방법

접지를 한 상태에서의 철제 보호막이 있는 공간(자동차 · 기차 · 비행기)에 있을 때가 가장 안전하다.
독일에서는 1769년 J. A. H. 라이마루스가 함부르크의 야코비 교회에 최초의 피뢰침을 설치하였다.

있는 사람의 몸 속으로 흘러들어갈 수 있다.

자동차 안에 앉는다

따라서 아무런 준비도 없이 위험한 악천후를 만났을 때에는 바닥에 웅크리고 앉는 것이 가장 좋다. 하지만 이때 가장 안전한 장소는 자동차 안이다. 금속으로 이루어진 상자로 둘러싸인 그곳은 말하자면 피뢰침의 내부에 해당한다. 밑으로 떨어진 벼락은 이 상자 안으로 들어오지 못한다. 그러한 보호막의 성격을 지닌 상자를, 발견자인 마이클 패러데이(1791~1867)의 이름을 따서 패러데이 상자라고 부른다. 이 상자는 뮌헨의 독일박물관에도 전시되어 있다. 번개가 타이어를

인공 번개

독일박물관에서는 관람객들에게 패러데이 상지(외부 전자기를 차단하여 그 안에 있는 예민한 계측기를 보호하는 금속 상자-옮긴이)의 작동 원리를 보여주기 위해 번개를 인위적으로 만들어낸다. 이 상자의 내부는 양철과 철조망으로 사방을 밀폐시킨 공간이다.

암페어는 누구인가
프랑스의 물리학자이자 수학자였던 앙드레 마리 암페어(1775~1836)는 전류가 끌어당기고 밀쳐내는 현상 및 전류의 자기장 방향에 대해 기술했으며 분자들의 흐름을 자기의 원리로 설명했다.

통해 바닥으로 옮겨가는 과정에서 타이어는 불에 탄다.

불꽃과 번개

"불꽃과 번개는 전하가 움직일 수도 있다는 사실을 보여줍니다. 전하는 심지어 대부분의 경우 움직이지요. 왜냐하면 전하들은 쿨롱의 법칙에 따라 균형을 맞추려 하기 때문이에요. 이것은 전류의 도움으로 이루어집니다. 전류가 클수록 더 많은 전하가 운반되지요. 전류의 단위는 그것을 발견한 과학자의 이름을 따서 암페어라고 합니다." 단장이 말한다.

"전류는 상상이 잘 안 돼요." 얀이 전류에 대해 알고 싶어한다.

"전류는 강물과 비교할 수 있단다. 전자들은 말하자면 물 분자처럼 움직이거든."

전기는 그러나 수력에 비해 몇 가지 결정적인 장점을 지니고 있다. 전류는 간단하고 값싸게 얻을 수 있는 도체를 따라 흐른다. 따라서 전기 에너지 공급은 기술적으로 더 쉽고 비용도 적게 든다. 전기 에너지를 가정에 공급하기 위해서는 가벼운 금속 케이블만 있으면 된다. 그 속도는 대략 초당 30만km로서 엄청나게 빠르다.

광속 c
가장 정확한 측정에 따르면 광속 c는 초당 299,792.458km의 속도이다. 광속은 아인슈타인의 상대성 이론에 따르면 변하지 않는 상수이다.

또 다른 장점은 전류가 모든 다른 에너지원을 완벽하게 중계한다는 점이다. 그래서 풍력 · 태양력 · 증기력 · 수력 등은 쉽게 전기 에

정보상자

물과 전류

물과 전류의 운동 상태는 여러 가지 면에서 서로 비교할 만하다.

1. 물 분자들이 서로 끌어당기는 힘은 뉴턴의 만류인력 형태의 중력이다. 전하의 추진력은 쿨롱의 법칙 형태의 흡인력이다. 물의 질량은 전하와 비슷한 역할을 한다.

2. 물 분자들의 높이와 그 위치에너지는 전기적 위치에너지 또는 전압에 상응한다.

3. 물 높이의 차이가 물의 흐름을 유발한다. 이와 마찬가지로 전압의 차이가 전류를 흐르게 한다. 전압이 높을수록 전류도 더 커진다.

4. 강바닥의 생성 및 표면의 성질, 그리고 그 결과인 마찰과 횡단면이 물 흐름에 대한 강바닥의 저항을 결정한다. 이와 마찬가지로 물질의 성질이 전류에 대한 전기 저항을 결정한다.

너지로 전환시킬 수 있다.

전류의 빠른 속도와 취급의 용이함 때문에 전기 에너지는 지구의 거의 모든 곳에서 사용하고 있다.

전류의 용도

"전하는 왜 번개 속에서 폭발하는 것일까요?" 얀이 묻는다.

단장은 이 질문에 기다렸다는 듯이 곧바로 대답한다. "그 이유는 전자들이 전류를 전도하지 않는 공기 같은 방해물을 극복해야 하기 때문이란다. 그러한 물질을 부도체 또는 절연체라고 하지. 이런 물질은 전하의 운동에 상당한 저항을 가하거든. 방해물을 극복할 만큼 전압이 충분할 때 비로소 번개가 치면서 방전이 이루어지는 거야." 단장이 말한다.

"그것은 오랫동안 댐에 밀려들다가 갑자기 댐을 무너뜨리는 물의 경우와 같지요." 할아버지가 보충 설명을 한다.

"댐이 없으면 어떻게 될까요?" 얀이 알고 싶어한다.

"그러면 전하의 운동은 질서 정연한 궤도에서 이루어진단다. 물이 강바닥을 흐르는 것과 마찬가지로 자유로운 전자들은 정상적인 경우 금속 제품인 도체를 따라 흐르게 되지. 전기 회로의 상태에 따라 전자들은 백열전구에 불이 들어오게 하거나 빵과 국수를 굽는 일을 수행하는 거야."

고양이가 귀를 쫑긋 세운다. 그러나 단장은 설명에 열중한 탓에 이것을 눈치채지 못한다.

"전류의 전도성과 전압에 대한 저항은 물질마다 달라. 이에 따라 전기 회로를 통해 흘러가는 전자들의 양도 달라지지. 저항이 클수록 전자들의 흐름은 줄어들어. 이러한 흐름의 강도를 전류라고 하는 거야."

"그 말은 전압을 높이거나 저항을 줄이면 전류의 양을 변화시킬 수 있다는 뜻인가요?" 할아버지가 질문한다.

"맞아요. 이러한 관계를 그 발견자인 게오르그 시몬 옴의 이름을 따서 옴의 법칙이라고 부릅니다."

"전기는 어떻게 백열전구에 불이 들어오게 할까요?" 얀이 묻는다.

"그리고 내가 먹을 국수는 누가 어떻게 데울까?" 고양이가 스스로에게 묻는다.

"몇몇 저항기는 내부에 흐르는 전류의 마찰로 인해 열을 받아서 빛

옴은 누구인가

게오르그 시몬 옴(1789~1854)은 1826년 전류의 전도에 관한 법칙, 즉 자신의 이름을 딴 옴의 법칙을 발견했다.

정보상자

옴의 법칙

독일의 물리학자 게오르그 시몬 옴은 전류의 강도와 전기 회로 속의 전압 사이의 관계를 최초로 발견했다. 전압이 높을수록 전하의 흐름도 더 많아진다. 전류의 양을 나타내는 단위는 암페어이며, 전압의 단위는 볼트이다. 전류는 전압 이외에도 전기 회로 속에 들어 있는 물질들의 저항에도 영향을 받는다. 이러한 저항은 이 물체들의 전류 전도성과 연관을 맺고 있다. 저항의 측정 단위는 옴이다. 저항이 낮은 물질은 전도성이 좋으며 전류를 많이 흐르게 한다. 이와는 반대로 저항이 높은 물질은 전류의 양을 제한한다. 저항이 무한대인 물질을 절연체라고 한다. 절연체에는 전류가 흐르지 않는다.

을 내기 시작합니다. 예를 들어 백열전구가 이 경우에 해당하지요. 전기의 빛은 1879년 미국의 전기 기술자 토머스 앨바 에디슨에 의해 발명되었어요. 지금으로부터 겨우 120년 전이라니 믿을 수 없을 지경입니다. 이 발명이 일상 생활을 획기적으로 변화시켰지요. 이것은 밤에 정전이 되었을 때 비로소 느낄 수 있어요. 에디슨 때만 해도 전류는 가느다란 탄소실을 통해 흘렀지요. 이것이 그로부터 30년 후부터는 지금도 사용하는 텅스텐으로 대체되었어요. 텅스텐은 특수한 재질의 금속이지요. 섭씨 2,100℃에서 하얀빛을 내지만 녹아내리지 않아요. 오늘날 백열전구 내부에는 공기 대신에 이보다 덜 예민한 아르곤 가스를 집어넣어요. 전압은 소켓을 경유하여 두 개의 접촉부에 올려지게 됩니다."

백열전구의 빛
전구는 전압이 높을수록 더 밝게 빛난다. 하지만 저항이 생기면 전등의 밝기는 줄어든다.

"전압이 높을수록 백열전구는 더 밝게 빛날까요?"

"맞습니다. 전압이 높을수록 전구의 코일을 타고 흐르는 전류가 더 많아지기 때문이지요. 따라서 전구는 더 밝게 빛납니다. 이 때문에 백열전구를 전류의 강도를 측정하는 계기로 사용할 수 있어요. 이것은 전지와 백열전구를 이용하여 집에서도 따라해볼 수 있지요."

저항과 광도 조절기

다양한 물체들을 대상으로 전류의 강도와 저항을 조사하기 위한 실험에는 전지와 소켓에 끼운 작은 백열전구가 필요하다. 이밖에도 끝을 절연하지 않은 세 개의 전선이 필요하다. 전지는 전선을 간편하게 연결할 수 있는 금속 접합판이 붙은 4.5볼트 전지를 사용하는 것이 가장 좋다.

실험 가동
두 개의 전선을 이용하여 전지의 두 극을 백열전구의 양 접촉부에 연결한다. 이때 전기 회로가 폐쇄되는 즉시 백열전구에 불이 들어와야 한다.

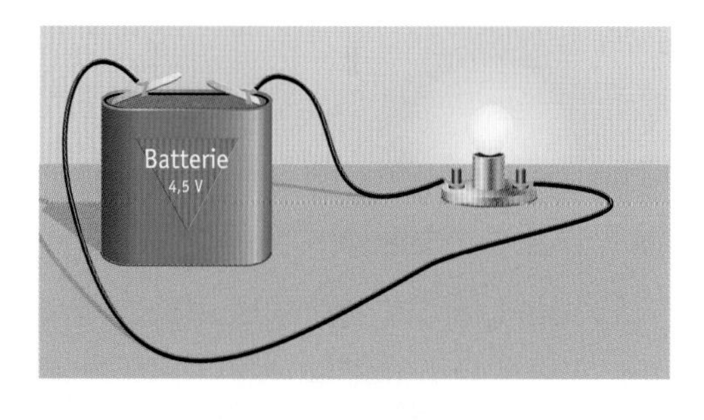

전자들은 전지의 마이너스 극에서 전선을 거쳐 전구로 흐른다. 이 전자들이 필라멘트에 흐를 때 전구에 불이 들어온다. 이 전자들이 두 번째 전선을 거쳐 전지의 플러스 극으로 돌아올 수 있을 때에만 전류가 흐른다.

저항 테스트

백열전구에서 접촉부 하나를 떼어 테스트 대상에 갖다댄다. 이때 개방된 전기 회로는 물론 다시 폐쇄시켜야 한다. 그러기 위해서 세 번째 전선의 양끝을 각각 백열전구의 접촉부와 테스트 대상의 접촉부에 연결한다.

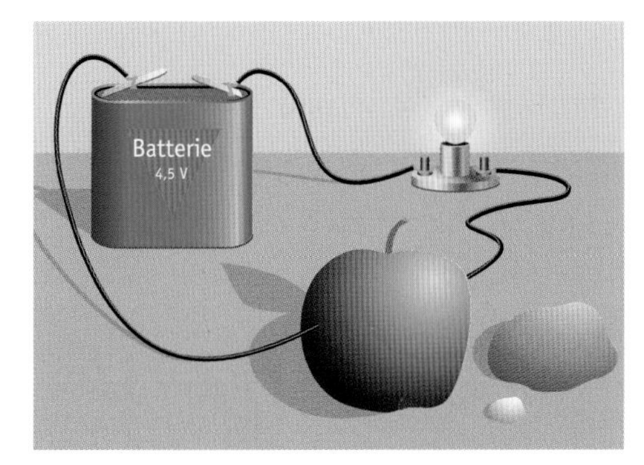

예를 들어 사과를 테스트 대상으로 삼으면 전구에 불이 들어온다. 전구의 불빛이 강할수록 실험 대상의 저항은 더 작다. 사과 · 돌 · 껌 · 칼 · 손가락 · 물 등을 대상으로 실험할 때 어느 경우에 전구가 가장 밝게 빛날까?

특별 테스트 : 물

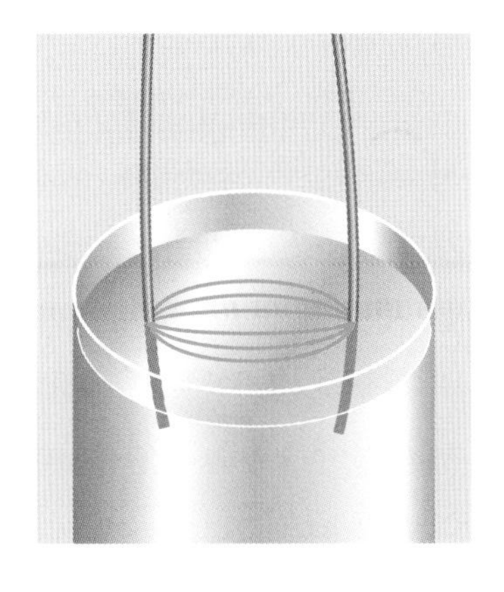

약국이나 슈퍼마켓에서 증류수를 구입한다. 증류수는 불순물이 없는 극도로 순수한 물이다. 이 물을 유리 용기에 붓고 두 개의 전선을 집어넣되 서로 닿지 않도록 한다. 이 경우에는 놀랍게도 전구에 불이 들어오지 않는다. 증류수가 절연체 역할을

변용
나머지 증류수를 이용하여 추가 실험을 할 수 있다. 두 개의 금속 조각을 다시 한 번 증류수가 담긴 유리잔 속에 집어넣는다. 그리고 물 위에 작고 가벼운 잔디씨들을 띄워놓고 무슨 일이 일어나는지 관찰한다. 이때 유리잔 위에 두꺼운 판지를 올려놓고 구멍을 뚫어 두 전선을 관통시키는 것이 가장 좋다. 물 속에서 전선들이 움직이는 것을 방지할 수 있기 때문이다. 이 실험은 깜짝 놀랄 만한 결과를 보여준다. 잔디씨들은 두 전선이 물과 접하는 지점에 마치 사진으로 찍은 빛줄기 모양으로 배열된다. 이 선들이 이른바 전기력선이다.

하기 때문이다. 그러나 증류수에 소금을 집어넣고 저으면 상황은 돌변한다. 즉 전구에 불이 들어온다. 이때 소금물은 도체 역할을 한다.

자연수는 소금과 같은 철분을 다수 포함하고 있다. 정상적인 물이 전도성이 좋은 이유가 바로 여기에 있다.

연필심으로 만든 광도 조절기

연필을 한동안 물 속에 담궈놓는다. 그 다음에 연필심을 둘러싸고 있는 나무껍질을 조심스럽게 벗겨낸다. 이전 실험과 마찬가지로 연필심의 양끝을 전기 회로에 접속한다. 전류가 긴 연필심 전체에 흐르기 때문에 전구에는 불이 거의 들어오지 않는다. 전선 하나를 가운데로 천천히 옮긴다.

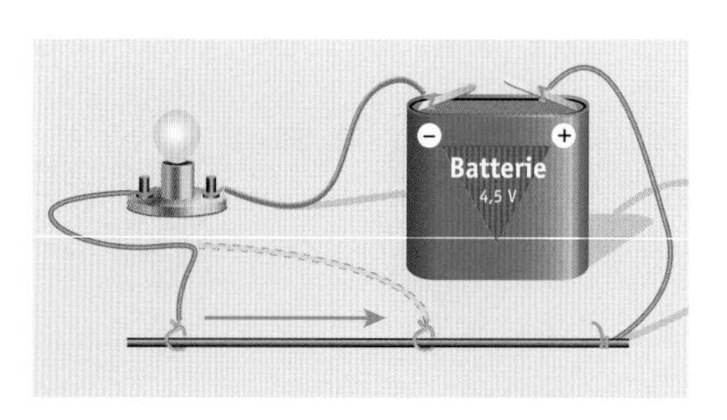

이를 통해 두 전선의 저항이 줄어든다. 전구는 점점 더 밝게 빛난다. 이것이 광도 조절기의 원리이다. 연필심의 저항은 두 전선 사이의 길이가 짧아지면서 줄어든다.

"빵 굽는 오븐은 어떻게 가열될까요?" 할아버지가 묻는다. 그는 몹시 배가 고픈 상태이다. 이것을 알아차린 단장은 국수가 담긴 여러 개의 그릇을 오븐 속으로 밀어넣는다. 고양이도 좋아서 어쩔 줄을 모른다.

"전구의 필라멘트와 마찬가지로 전자들이 열선 코일과 마찰하여 생긴 열이 오븐을 가열시킵니다. 토스터나 전기 다리미도 똑같은 원리로 작동하지요."

전지와 축전지

"이러한 전류를 위한 전하는 원래 어떻게 만들어질까요?" 얀이 너무 배가 고파 기어들어가는 목소리로 묻는다. 얀은 다른 사람이 아닌 자기 자신에게 질문하는 것처럼 보인다. 하지만 서커스 단장은 이 질문을 듣고서 적절한 해답을 내놓는다.

"그것은 발명가들도 수시로 제기한 아주 좋은 질문이다. 왜냐하면 우리가 지금까지 살펴보았듯이 콘덴서는 단지 짧은 시간 동안만 전하를 저장할 수 있기 때문이야. 콘덴서는 전하가 흐르는 한 지속적으로 전압을 잃지. 전압이 변하지 않는 전류를 만드는 방법은 이탈리아의 물리학자 알레산드로 그라프 볼타가 1800년에 최초로 발견했어. 그는 둥근 기둥 속에 구리판과 아연판을 차례차례 겹쳐 쌓고 그 사이마다 소금물에 흠뻑 적신 천을 끼워넣었지. 일종의 화학 반응으로 인하여 기둥 속에 전압이 생겼던 거야. 볼타는 맨 위와 아래의 판을 만지는 순간 전기 충격을 느꼈어. 이렇게 해서 전지가 탄생한 거야. 대부분의 전지는 오늘날에도 이와 비슷한 화학적 과정을 통해 작동하지. 전지는 집에서도 쉽게 만들 수 있어."

볼타는 누구인가
알레산드로 그라프 볼타(1745~1827)는 갈릴레이의 연구를 이어받아 발전시켰으며 전기 분야에서 중요한 원리들을 발견했다. 그는 1782년 평판 콘덴서를 발명했고 1781년에는 검전기를 개선했다. 또한 그는 1792년 다양한 물질들 사이의 접촉 전기를 발견했으며 가스와 증기의 열 팽창을 연구했다.

자체 제작한 전지

레몬 전지

이 실험에는 아연과 구리로 만든 작은 금속판 두 개가 필요하다. 일부를 잘라낸 레몬에 이 두 개의 금속판을 꽂는다. 이때 금속판들이 서로 닿지 않도록 해야 한다. 이로써 전지가 완성된다.

이때 생긴 전압은 물론 아주 작아서 혀의 예민한 감각으로 겨우 느

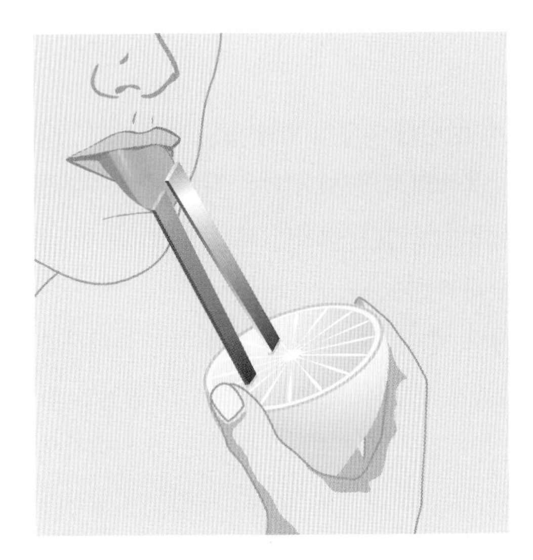

각각 아연과 구리로 만든 두 개의 금속판을 레몬에 꽂으면 전압이 생긴다. 이것은 혀로 확인할 수 있다.

껄 수 있을 정도이다. 두 금속판을 혀에 갖다 대면 약간의 느낌이 온다.

식초 전지

유리 용기에 부어놓은 식초에 아연판과 구리판을 담근다. 두 금속판을 꼬마전구와 전선으로 연결한다.

이때 만들어진 전압은 꼬마전구에 불이 들어오게 할만큼 강하다.

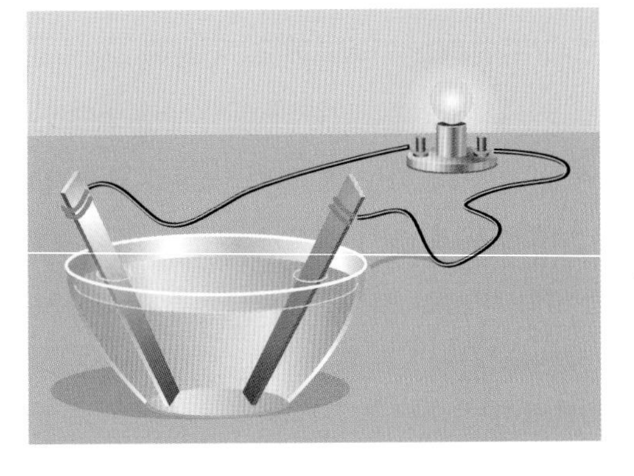

아연판과 구리판을 식초에 담그면 여기서 만들어진 전압이 꼬마전구에 불이 들어오게 한다.

자동차 전지 - 축전지

축전지는 전하의 재생이 가능한 전지이다. 그 예로 자동차 전지를 들 수 있다. 이것은 자동차의 전기 장치 전체를 운용하는 데 필요하다. 그래서 자동차의 헤드라이트 끄는 것을 잊은 채 시동을 껐을 경우에도 헤드라이트는 계속 켜져 있다.

전자들의 민첩함

단장이 갑자기 벌떡 일어난다. 그가 실제로 자동차의 헤드라이트 끄는 것을 잊어버렸던 것이다. 그러나 이제 겨우 한 시간밖에 지나지 않았기 때문에 그는 운이 좋았다. 전지는 외부에서 충전할 필요 없이 정상적으로 기능하고 있다. 홀가분한 기분으로 다시 집으로 돌아온 단장이 말한다. "자동차 전지의 역사에서 더 많은 것을 배울 수 있어요. 예를 들어 전자들이 전류 속에서 얼마나 빨리 움직일까 하는 문제도 여기에 포함됩니다."

"나는 전류가 광속으로 움직인다고 생각했어요." 할아버지가 말한다.

"맞는 말이에요. 하지만 개별적인 전자들의 실제 속도는 달라요."

"그것은 마치 물 속에서 파도의 빠른 속도와 개별적인 물 분자의 느린 속도 차이와 같은 것이겠지요." 배고픔을 잊어버리려고 노력하는 빛이 역력한 할아버지가 말한다.

"예. 상온에서 개별적인 전자의 평균 속도는 물론 시속 몇백만 킬로미터는 되지요." 단장이 말한다. "전자들은 이처럼 빠른 속도로 사방으로 움직이면서 금속 결정 격자의 원자핵과 수시로 충돌해요. 그 때문에 평균적인 전체 속도는 매우 느린 편이지요. 전압이 없으면 이 속도는 심지어 0에 가까워요. 전압이 있다 할지라도 전자들은 초당 1cm 이하의 속도로 플러스 극 방향으로 표류합니다. 전자들이 마이너스 극과 플러스 극 사이의 몇 미터를 오가는 데 매우 오래 걸리는 이유와 내 자동차 전지가 아직 충전된 채 있는 이유도 바로 이 때문이지요."

"전자들의 속도는 그러니까 저항과도 무관하지 않겠군요. 저항이 커질수록 전자들이 원자핵과 부딪히는 빈도도 높아질 테니까 말입니다." 할아버지가 자신의 생각을 큰 소리로 말한다.

"이밖에도 전자들의 속도는 전류의 종류에 달려 있어요." 단장이 말한다.

교류

"오늘날 가장 널리 쓰이는 전류는 이른바 교류입니다. 교류는 전자들의 흐름이 항상 방향을 바꾸는 것을 의미하지요. 방향을 바꾸는 빈도는 나라마다 달라요. 독일에서는 전류가 1초에 50번 방향을 바꿔요. 그 때문에 개별적인 전자는 그 어느 곳으로도 흘러가지 못하지요."

전선에 앉아 있는 새

국수를 기다리는 동안 얀은 창 밖을 바라본다. 바깥의 전선에 새 한 마리가 앉아서 졸고 있는 듯한 모습이 얀의 눈에 들어온다.

"새가 저렇게 앉아 있어도 괜찮은가요?" 얀이 묻는다. "원래는 고전압이 새의 한 발을 통해서 다른 발로 흘러들어갈 것 같은데요."

단장은 물론 해답을 알고 있다. "옴의 법칙은 교류에도 적용된단다. 전압이 없으면 전류도 흐르지 않는다는 법칙 말이다. 전체적으로 전선에는 고전압이 흐르기는 하지만 이것은 엄청나게 긴 전선에 분산되어 있어. 전선은 아주 탁월한 양도체야."

"그 때문에 새의 두 발과 전선이 만나는 양 지점에는 거의 똑같은 위치에너지가 흐르고, 전압의 차이도 없는 셈이지. 이밖에도 새의 몸체는 커다란 저항을 지니고 있어. 따라서

정보상자

직류와 교류

1880년 직류와 교류 중 어느 것이 전기 에너지를 더 효과적으로 전달하느냐는 문제를 둘러싸고 격렬한 논쟁이 벌어졌다. 미국의 전기 기술자인 토머스 앨바 에디슨도 직류를 주장한 사람 가운데 하나였다. 직류는 시간에 따른 변화 없이 항상 일정한 전압과 전류의 양을 지니고 있다. 에디슨은 직류가 원래부터 더 안정적이라고 주장했다. 교류를 사용할 것을 주장한 대표적 인물은 미국의 엔지니어이자 기업가인 조지 웨스팅하우스(1846~1914)였다. 교류는 1초에 50번 방향을 바꾸는 특징을 지니고 있다.

이러한 논쟁을 통해 교류가 취급하기에 더 쉽고 전압의 크기에 상관없이 마음대로 운반할 수 있다는 점이 밝혀졌다. 그래서 교류를 사용하는 방안이 관철되었다. 전체적으로는 그 어떤 전자도 가정의 콘센트에 흐르지 않는다. 오히려 전자들은 이리저리 흔들릴 뿐이다. 따라서 교류에 감전된다 할지라도 그 어떤 전자도 우리 몸 속에 전달되지 않는다. 단지 전기 에너지만이 몸 속에 들어갔다가 바닥으로 빠져나간다.

전자들의 흐름이 없는 전류
교류는 전자들의 흐름이 항상 방향을 바꾸는 전류이다. 따라서 교류는 엄밀히 말해서 전자들의 흐름이 없는 전류이다.

전류는 새의 몸에 흐르지 않아. 물론 이러한 원칙은 새가 날개를 펴서 다른 전선을 건드릴 경우에는 더 이상 적용되지 않아. 그래서 이런 일이 일어나지 않도록 전선이 멀리 떨어져 있는 거야. 새가 바닥이나 바닥과 접해 있는 물체에 닿을 경우에도 전류가 새의 몸을 통해 바닥으로 흐를 수 있으므로 새에게 좋을 게 없지. 이것은 물론 예를 들어 연처럼 바닥과 접해 있는 다른 모든 물체에도 똑같이 적용된다

에디슨은 누구인가
토머스 앨바 에디슨(1847~1931)은 역사상 가장 위대한 발명가였다. 그는 1,000개가 넘는 특허를 출원했다. 그리고 1877년 축음기를, 1879년 탄소선 전구를 발명했다. 1881년에 그는 증기 기관과 직접 접속된 전기 발전기를 선보였다. 또 1882년에는 뉴욕에서 최초의 공공 발전소를 설립하여 운영하였다.

마그네시아
중국인들보다 앞선 것은 아니지만 그리스인들도 자기력의 존재를 알고 있었다. 자기력이라는 용어는 자석 광산이 있던 고대 그리스 도시 마그네시아에서 유래했다. 그리스 전설에 따르면 그 자석 광산은 심지어 근방을 지나가던 배의 쇠못들까지 끌어당겼다고 한다.

고 할 수 있어. 치명적인 전류가 연의 줄을 타고 손과 바닥으로 흐르면서 이것과 접하는 모든 것을 태워버릴지도 모르거든."

방 안에도 약간 타는 듯한 냄새가 난다. 국수를 먹을 시간이 다가온 것이다.

자기력의 신비

식사 준비를 마치고 세 사람은 국수를 세 부분으로 나누었다. 그 중에서 두 부분은 고양이에게 돌아갔고 나머지 한 부분이 얀, 할아버지, 단장의 몫이었다.

그 때문에 고양이는 식사 후에 매우 피곤하여 금방 잠이 들고 만다. 그래서 고양이는 자기에 관한 단장의 공연을 볼 기회를 놓친다. 반면에 얀과 할아버지의 궁금증은 시간이 지날수록 더해간다.

"자기(磁氣)는 오랜 세월 동안 제대로 설명하거나 느낄 수 없는 신비로운 힘으로 간주되어 왔어요. 흥미롭게도 그리스의 자연철학자인 밀레토스의 탈레스가 BC 550년에 처음으로 자기에 대해 언급했어요. 전기와 자기력 사이에는 유사한 점이 있지요." 단장이 말한다.

페트로 페레그리누

"자석은 어떤 원리를 지니고 있나요?" 얀이 알고 싶어한다.

"1269년 프랑스의 교사였던 페트로 페레그리누는 자기력의 특성을 연구했단다. 그는 같은 극끼리는 서로 밀어내고 다른 극끼리는 서로 잡아당긴다는 것을 알게 되었지. 극이라는 용어는 그의 이름에서 유래한 것이야. 그는 북쪽을 가리키는 자석의 끝을 북극, 다른 쪽 끝을

마술상자

자기력이 중력보다 더 강하다

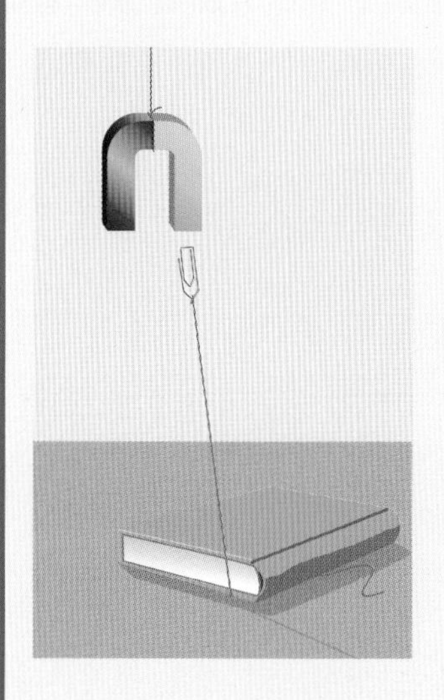

자기력의 강도를 알아보기 위한 실험에는 자석, 클립, 끈 등이 필요하다.

1단계: 책상에서 30cm의 높이에 자석을 끈에 매단다.

2단계: 다른 끈으로 클립을 묶은 다음 그 끈 위에 책을 올려놓는다.

3단계: 클립을 자석 가까이 가져간다. 무슨 일이 일어날까? 끈의 길이가 적당할 경우 클립은 중력에 맞서 공중에 떠 있다. 끈이 너무 짧으면 클립은 밑으로 떨어진다. 그럴 때에는 끈에서 책을 치운다. 이때 끈이 너무 길면 클립이 자석에 달라붙는다. 그러면 끈을 조금 더 책 밑으로 들어가도록 해야 한다. 자석이 강할수록 적당한 거리를 찾아내기가 더 쉽다. 클립이 일단 공중에 뜨면 여러 가지의 놀라운 실험을 해볼 수 있다.

자석과 클립 사이에 종이 · 유리 · 플라스틱 등을 갖다대면 무슨 일이 일어날까?

아무 일도 일어나지 않는다. 왜냐하면 자기력선은 아무런 방해도 받지 않고 이러한 물질들을 통과하기 때문이다.

클립과 자석 사이에 예를 들어 칼과 같은 가느다란 쇠붙이, 즉 자성이 있는 물질을 갖다대면 무슨 일이 일어날까?(옆의 설명 참조)

마술상자의 비밀

클립은 밑으로 떨어진다. 그 이유는 자기장이 금속을 자기화시키는 데 추가적인 에너지가 필요하기 때문에 클립을 중력에 맞서 공중에 떠 있게 할 여력이 없기 때문이다.

나침반의 역사
나침반의 발명 시기는 알려져 있지 않다. 전해 내려오는 이야기에 따르면 BC 2500년경에 고대 중국인들이 일종의 나침반을 소유하고 있었다. 그들은 이미 자성이 있는 바늘이 자유 운동을 할 때 북쪽 방향을 가리킨다는 사실을 알고 있었다. 이 시기에 중국의 어떤 왕은 자석 바늘을 이용하여 짙은 안개 속에서도 군대를 이끌었다고 한다. 자기력에 관한 중국인들의 지식이 아랍인들을 통해 유럽인들에게 전달되었다는 이론도 있다. 예상컨대 페트로 페레그리누가 나침반을 언급한 1269년보다 훨씬 이전에 나침반이 범선에 이용되었을 것이다.

남극이라고 이름붙였어. 그는 이밖에도 최초로 나침반의 원리를 발견했지."

이 말과 함께 단장은 다음 주제를 다룰 수 있게 되었다. 그는 집에서도 만들 수 있는 몇 가지 나침반을 선보인다.

나침반 만들기

물 나침반

이 간단한 나침반의 제작에는 바늘이나 쇠못과 영구 자석이 필요하다.

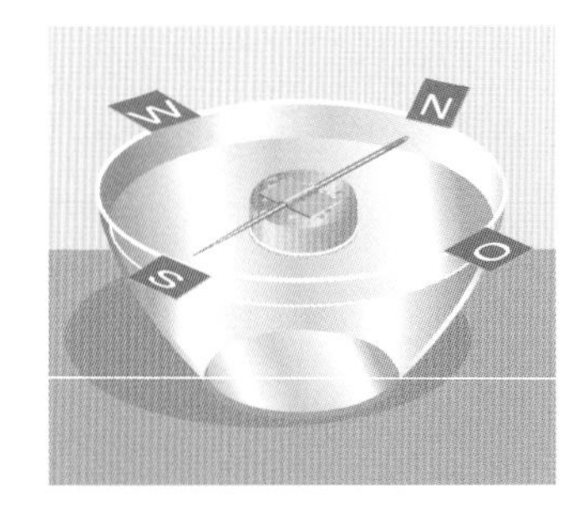

1단계

대략 15초 동안 바늘을 자석의 한쪽 극에 같은 방향으로 계속 문지른다. 그러면 바늘은 자기화된다. 이 바늘은 지구의 자기장을 측정하는 계기로 사용할 수 있다.

2단계

평평하게 잘라낸 둥근 코르크에 바늘을 부착한 다음 물이 담긴 용기 안에 집어넣는다. 바늘의 북극은 늘 북극 방향을 가리킬 것이다.

3차원 나침반

지구의 자기선은 지표면을 따라 지나가지만은 않는다. 지구는 둥글기 때문에 오히려 자기선은 지표면과 각을 이룬다. 남극과 북극에서 자기선은 심지어 지표면과 수직이다.

이와는 반대로 적도 주변에서 자기선은 지표면과 평행을 이룬다. 독일의 현재 위치에서 자기선의 각도는 얼마나 될까? 이것은 3차원 나침반을 이용하여 측정할 수 있다.

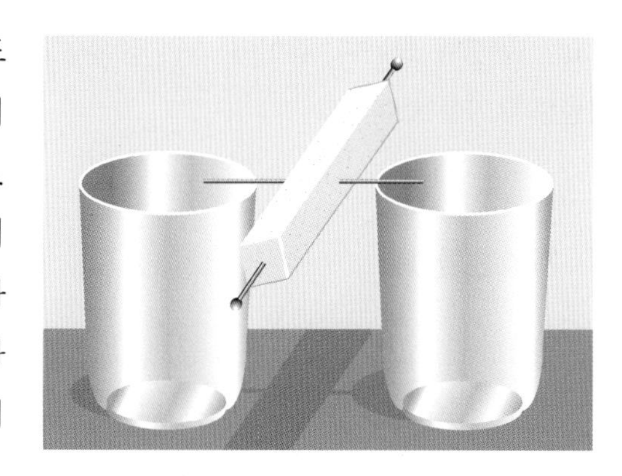

1단계

먼저 바늘 두 개를 서로 반대의 극이 되게끔 자기화시킨 다음 대략 8cm 길이의 스티로폼 양끝에 꽂는다.

2단계

스티로폼의 중앙에 또 다른 바늘 하나를 앞의 두 바늘과 직각이 되게 꽂아 관통시킨다. 그런 다음 높이가 같은 두 권의 책이나 두 개의 유리잔 사이에 걸쳐놓는다. 이 구조물을 동서 방향으로 돌리면서 완벽한 균형이 이루어지도록 한다. 양쪽이 수평으로 균형을 잡을 때까지 어느 한쪽에서 스티로폼의 일부를 떼어낸다.

이런 과정을 거쳐 3차원 나침반이 완성된다. 이 나침반은 남북 방향을 향할 경우 땅바닥과 각을 이루며 기울어진다. 이상적인 경우라면 이 각은 지구의 자기선의 방향과 일치한다. 독일의 현재 위치에서 위도는 65° 이다.

"다른 자석을 이용하지 않고서도 자석을 만들 수 있는지 내기할까요?" 단장이 묻는다. 곧이어 그는 집에서도 쉽게 따라할 수 있는 기발한 묘기를 보여준다.

자석 만들기

이 묘기는 고대 중국인들도 알고 있었다고 한다. 그들은 자석을 만드는 데 지구의 자기장을 이용했다. 그들은 쇠못을 달군 다음 남북 방향으로 냉각시켰다. 이를 통해 이전에 무질서하게 흩어져 있던 쇠의 자성 원자들이 같은 방향으로 배열됨으로써 자석이 만들어졌다.

자기력선들의 공간적인 방향성을 이용하는 묘기는 더 간단하다. 이 묘기에는 쇠막대기 또는 못과 망치가 필요할 뿐이다. 그 방법은 다음과 같다.

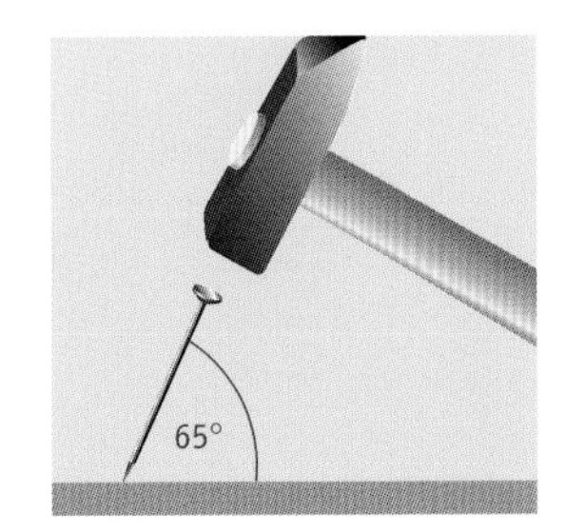

못이 65° 이하의 각도로 남북 방향을 향한 상태에서 망치로 여러 번 때리면 이 못은 자성화된다.

쇠막대기가 지면과 65° 이하의 각도로 남북 방향을 향한 상태에서 망치로 여러 번 때린다. 이를 통해 쇠막대기는 자성화된다. 쇠막대기 안에는 수많은 자석 미립자들이 온갖 방향으로 배열되어 있다. 자기력선을 따라 충격을 주면 그것들은 특히 북극 방향으로 배열된다.

이러한 자성화는 예를 들어 목수가 남북 방향으로 망치질할 때 우연히 생겨나기도 한다. 자석의 성질을 다시 없애려면 쇠막대기에 동서 방향으로 망치질하면 된다.

자성의 해제
못의 자성을 없애려면 동서 방향으로 망치질하면 된다.

자기력선

이제 단장은 본 궤도에 들어선 듯하다. 새로운 묘기와 실험이 쏟아지는 바람에 얀과 할아버지는 정신을 집중하지 않을 수 없다.

"나침반을 이용하면 심지어 자기력선을 눈으로 직접 볼 수도 있어요." 단장이 말한다.

"자기력선이라는 게 뭐지요?" 얀이 궁금하여 묻는다.

"그것은 자성을 지닌 작은 물체들이 따라 움직이는 선이란다. 이 선을 눈으로 확인하는 방법은 아주 간단하지."

자기력선

정상적으로는 눈에 보이지 않는 자기력을 눈으로 확인하는 방법은 간단하다. 이 실험에는 작은 판지, 자석 두 개, 쇳가루 등이 필요하다.

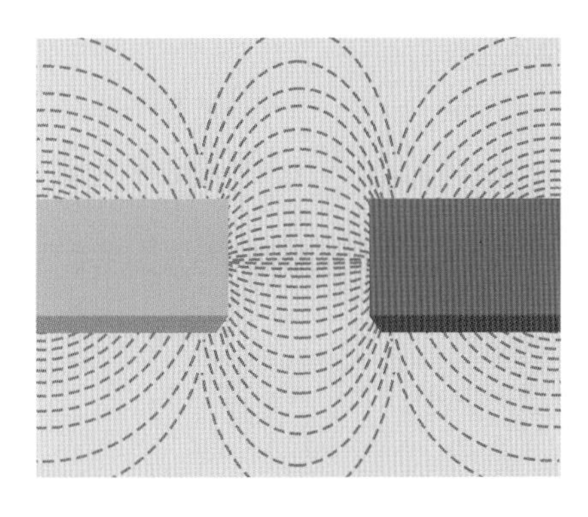

쇳가루는 미세한 자석 바늘처럼 자기력선을 따라 배열된다.

1단계

쇳가루를 판지 위에 골고루 펼쳐놓는다. 자석 두 개를 가까이 갖다대면 쇳가루가 미세한 자석 바늘처럼 자기력선을 따라 아름다운 활 모양을 이룬다. 조금 늦어지면 판지를 두드린다.

이 묘기 뒤에는 다음과 같은 비밀이 숨어 있다. 즉 각 부분에서 자기장은 서로 다른 힘과 방향을 지니고 있다. 이를 통해 각각의 토크가 쇳가루에 작용하여 모든 쇳가루들이 결국에는 힘의 장과 평행 상태를 이룬다. 힘은 극 주변에서 가장 강하며, 따라서 쇳가루들의 정렬 또한 가장 뚜렷하게 나타난다. 힘은 가운뎃부분에서 가장 약하다. 그 힘은 따라서 더 이상 모든 쇳가루들을 완벽하게 정렬시킬 수 없다. 그럼에도 불구하고 자기력선들을 여전히 눈으로 확인할 수 있다. 자기력선들은 자석의 두 극을 서로 연결시킨다.

2단계

앞에서 배운 방식대로 여러 개의 자석을 만들어 자기력선들이 어떻게 나타나는지 관찰해보자.

자석의 상태와 종류에 따라 자기력선들은 상이한 형태를 지닌다. 가령 미리 판지를 촛농에 적셔놓으면 아름다운 모양을 얻을 수 있다. 먼저 쇳가루를 그 위에 뿌린 다음에 모양이 만들어질 때까지 가볍게 두드린다.

3단계

그런 다음에 다리미를 조심스럽게 판지에 갖다대면 이 모양을 고정시킬 수 있다. 자기력선들이 서로 다른 두 극 사이에서 끌어당기는 모양 이외에도 같은 극들 사이에서 밀쳐내는 모양도 눈으로 확인할 있다.

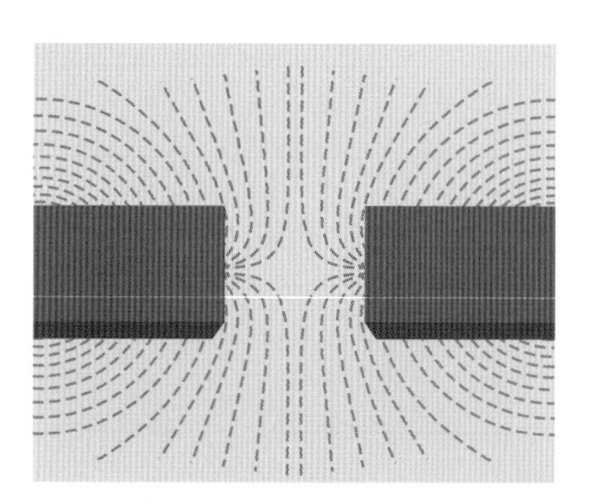

4단계

두 개의 자석을 같은 극끼리 마주보게 한 상태에서 판지 위에 올려놓는다. 두 극 사이의 자기장은 매우 약해져서 가운데에는 심지어 힘이 미치지 않는 중립적인 지점이 형성된다. 다른 모든 자기력선들은 이 지점에서부터 방향을 튼다.

자석의 분리

그러나 안은 아직 만족하지 못한다. 그는 더 정확히 알고 싶은 마음에서 묻는다. "대체 물질은 어째서 자성을 지니고 있을까요?"

"자석을 두 부분으로 쪼개면 어떻게 될지 곰곰이 생각해보면 그 대답은 저절로 나올 게다." 단장이 말한다.

"자석을 둘로 쪼개면 각각 남극과 북극을 지닌 작은 자석 두 개가 새로 생기겠지요."

"맞아요. 그런 식으로 생각하면 돼요. 자석을 계속 쪼개도 분자들의 구조가 깨지지 않는 한 점점 더 작은 자석들이 생겨날 뿐이지요." 단장이 말한다. "따라서 모든 물체는 미세한 수많은 최소 자기 단위들로 이루어져 있다는 것을 쉽게 상상할 수 있어요. 이 미세한 자석들은 보통의 경우에는 온갖 방향으로 무질서하게 배열되어 있어요. 그 때문에 모든 물질은 자기력을 외부로 표출하지 않지요. 이러한 자성 분자들이 망치질이나 가열한 후 다시 냉각시키는 방법을 통해 자성화되어 한 방향으로 배열될 때 비로소 물질은 자성을 지니게 되지요. 이것은 물론 물질마다 달라요. 어떤 물질은 더 쉽게 자성화되지만, 전혀 자성화되지 않는 물질도 있어요. 또 어떤 물질은 자성화 상태를 그대로 유지하지만, 그렇지 않은 물질도 있지요. 그 이유는 각 물질마다 특수한 분자 구조를 지니고 있기 때문이에요."

"최소 자기 단위들은 늘 두 개의 극을 지니고 있을까요?" 할아버지가 묻는다.

"지금까지 하나의 극으로만 이루어진 물질이 발견된 적은 없어요. 이러한 자석의 성질을 이른바 단일극이라고 하지요. 자기력은 그러니까 항상 이중극(N, S)의 형태로 나타나요. 이것은 전하와 크게 구별되는 점입니다."

전류가 자기력을 만들어낸다

나침반 바늘과 전류
나침반이 도체와 평행으로 놓인 상태에서 전류가 흐르면 나침반의 바늘이 수직 방향으로 움직인다. 전류 공급을 차단하면 나침반 바늘은 다시 원래의 위치로 되돌아간다.

일부러 잠시 말을 끊은 다음 단장이 계속 말한다.

"자기력에 관해 더 환상적이고 멋지며 더 나은 설명도 있어요. 그것을 언급하기 전에 우선 한스 크리스티안 외르스테드와 1819년에 그가 발견한 것에 대해 이야기하고 싶어요. 외르스테드는 전기에 관한 한 강의에서 케이블을 커다란 전지의 접속부에 연결했어요. 그런데 우연히 어떤 의자 위에 나침반이 케이블과 평행으로 놓여 있었지요. 외르스테드를 비롯한 사람들은 깜짝 놀랐어요. 케이블을 전지의 접속부에 연결하자 나침반의 바늘이 갑자기 케이블과 수직 방향으로 움직였기 때문이에요. 외르스테드가 다시 전류 공급을 차단하자 나침반 바늘은 원래대로 북쪽 방향을 가리켰어요. 이로써 전기와 자기의 힘들은 어떤 방식으로든 서로 연관을 맺고 있다는 사실이 증명된 셈이지요. 이와 비슷한 실험은 집에서도 쉽게 따라해볼 수 있어요."

전기와 자기력

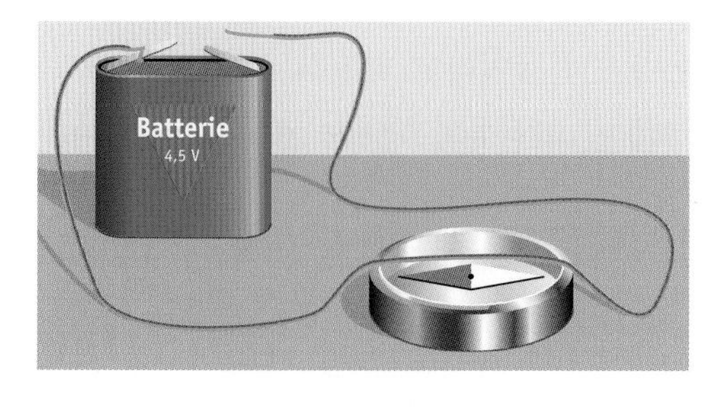

이 실험에서 케이블은 전지와 연결하기 전에 나침반 바늘과 평행으로 놓여 있어야 한다.

1단계

전지의 한 쪽 극에 긴 케이블을 연결한다. 이 케이블은 가능한 한 나침반 바늘과 가까운 위치에 둔다.

2단계

케이블은 나침반 바늘과 평행으로 놓여 있도록 한다.

3단계

케이블의 다른 쪽 끝을 전지의 두 번째 극에 연결한 다음 나침반 바늘의 움직임을 관찰한다. 무슨 일이 일어날까?

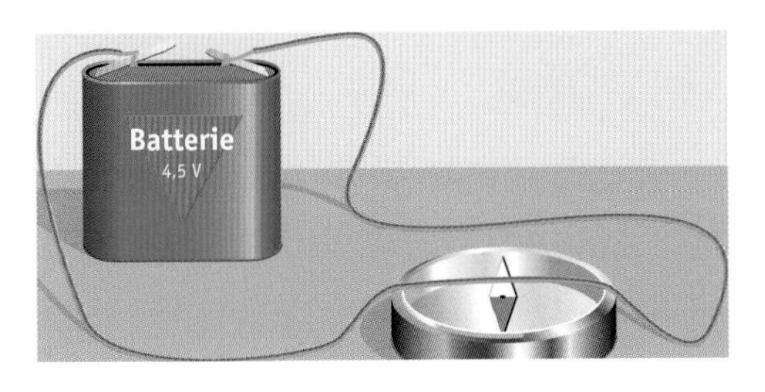

전류 공급을 차단하면 바늘은 다시 원래의 위치로 되돌아간다.

나침반의 바늘은 순식간에 전류 방향인 오른쪽으로 움직인다. 전류 공급을 차단하면 바늘은 다시 원래의 위치로 되돌아간다.

4단계

전류의 방향을 바꿔서 똑같은 것을 실험해볼 수 있다. 전지의 극을 반대로 하면 나침반 바늘 역시 반대 방향으로 움직인다.

5단계

나침반과 케이블 사이의 각도와 거리를 여러 가지로 바꾸어가며 실험해보자. 이것은 외르스테드도 처음의 놀라움이 가신 뒤 시도했던 것이다. 이 시도를 통해 그는 원래 전류와 자기의 힘 사이에는 아무런 상호 작용이 없다는 것을 증명하려 했다. 나침반 바늘이 케이블과 수직 방향으로 놓여 있는 상태에서는 바늘에 아무런 영향도 주지 못한다.

위대한 발명

전자석은 의심할 여지 없이 근대의 가장 위대한 발명 가운데 하나이다. 전자석은 전기를 통해 켜고 끌 수 있다는 장점을 가지고 있다. 이밖에도 전자석은 임의의 강도를 지닐 수 있다. 강도를 높이려면 전기 코일 안의 전류의 강도나 나선의 수를 늘리기만 하면 된다. 전자석은 초인종 · 전화기 · 확성기 · 전자 시계 · 냉장고 · 세탁기 · 믹서 · 발전기 · 기중기 등에 쓰인다. 전자석의 또 다른 장점은 제작이 간편하다는 점이다.

외르스테드의 발견
이 과학자는 전류의 자기력이 케이블 주변에 원형으로 영향을 미치며 거리가 멀수록 그 영향은 감소한다는 사실을 밝혀냈다. 즉 나침반 바늘은 케이블과의 거리가 멀수록 점점 덜 기운다.

전자석은 도처에 있다

외르스테드의 발견은 19세기에 이루어진 새로운 발견들을 선도하는 역할을 했다.

"예를 들어 전선을 구부리면 자기력은 어떻게 될까요?" 단장이 묻는다.

"자기력선들도 구부러져서 도체 주위에 원형으로 놓여 있겠지요." 얀이 대답한다.

"맞아요. 그것을 논리적으로 발전시킨 것이 이른바 전자석이죠. 전선을 고리 형태로 구부리면 자기력은 한가운데로 몰려요. 전선을 여러 번 감아서 수많은 고리를 만들면 자석의 효과는 더 커집니다. 대부분의 전자석은 그래서 전선 코일로 이루어져 있어요. 이러한 원리는 1825년 영국의 물리학자 윌리엄 스터전과 미국의 조셉 헨리가 따로따로 발견했어요. 코일 한가운데의 철 볼트는 자기력을 훨씬 높이는 역할을 하지요."

전자석 만들기

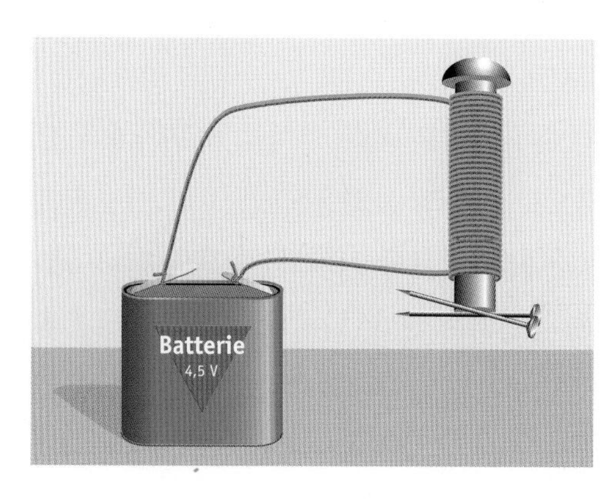

재료로는 손가락 길이의 쇠못이나 철 볼트가 필요하다.

1단계
철 볼트에 1~2m 길이의 절연된 구리선을 감

는다. 이때 가능한 한 빈틈이 없도록 촘촘히 감는다. 감은 부분을 수시로 접착 테이프로 고정시킨다.

2단계

사포로 구리선 양끝의 절연 부분을 문지른다.

3단계

절연이 제거된 구리선 양끝을 전지에 연결한다. 이와 같은 방법으로 만든 전자석은 클립이나 못을 끌어당길 수 있다. 전류 공급을 차단하면 자기력은 없어지며 클립은 바닥에 떨어진다.

지구의 자기장 역시 전자석의 경우와 비슷하다. 지구 내부는 최소한 섭씨 1,000℃의 쇳물로 이루어져 있다. 이 쇳물 분자들은 아마도 지구 축 주위에서 회전하고 있다. 이처럼 거대한 원 운동으로 인하여 전기 코일의 경우와 마찬가지로 자기장이 생겨난다. 자기장에서의 북극은 지리상의 북극과 대략 1,600km 떨어져 있다.

북극광(오로라)의 원인은 지구의 자기력에 있다.

이처럼 거대한 자기력선들은 우주로까지 뻗어나간다. 그 자기력선들은 아름다운 북극광의 원인이며, 우주로부터 날아오는 위험한 광선들을 차단하는 역할을 하기도 한다.

자기력이 전기를 만들어낸다

"전자석은 우리 생활을 혁신적으로 개선하는 데 결정적인 역할을 했지요." 단장이 말을 계속한다. "전류가 자기장을 만들어낼 수 있다면 자석도 전류를 만들어내지 못하란 법이 있겠어요?"

이 질문은 벌써 150년 전에 마이클 패러데이가 제기한 바 있다(89쪽 참조). 그래서 그는 자석을 코일에 꽂은 다음 도체에 전류가 생기기를 기다렸다. 그러나 그런 일은 일어나지 않았다. 그러자 패러데이는 자석을 전자석으로 교체했다. 이번에도 코일의 외부에는 전류가 흐르지 않았다. 하지만 패러데이는 전기를 켤 때와 끌 때 잠시 전류가 흐르는 것을 발견했다. 그에게 이것은 문제 해결을 위한 결정적인 단서였다. 패러데이는 자기장 자체가 아니라 자기장의 변화가 전류를 흐르게 한다는 결론을 내렸다.

이러한 결론을 내린 그는 영구 자석을 이용하여 이전의 실험을 다시 시작했다. 그가 영구 자석을 코일 내부에서 이리저리 움직이자 실제로 코일 안에 전류가 생겼다.

자기장의 변화에 의한 전류의 유도('만들어내다, 영향을 미치다'라는 의미의 라틴어 'inducere'에서 유래)는 매우 일반적이고 중요한 법칙으로 드러났다. 전류는 자석의 운동 이외에도 코일이나 또는 자기장 위에 있는 또 다른 케이블의 운동에 의해서도 생겨난다. 여기에 관여한 힘 및 자기장의 강도와 그들 사이의 관계를 정확히 기술한 것을 패러데이의 전자기 유도 법칙이라고 한다.

이러한 법칙은 오늘날 우리 삶에 매우 중요하다. 패러데이의 실험실을 시찰한 당시 영국 수상은 물론 이것을 알지 못했다. 그래서 그는 패러데이에게 다음과 같이 질문했다. "전기가 왜 좋다는 건가?" 패러데이는 자신도 전기가 어디에 좋은지 모르겠다고 대답했다. 그러나 그는 수상이 언젠가는 전기에 세금을 부과할 수 있으리라는 말을 덧붙였다. 어쨌든 이러한 발견은 서커스 단장의 다음과 같은 실험에도 좋다. 이 실험은 쉽게 따라할 수 있다.

최소 자기 단위란 무엇인가

원 운동을 하는 개별 전자는 최소 자기 단위를 이룬다. 엄밀히 말해서 이것은 코일 내에서의 자기장의 생성과 다를 바 없다. 이때 원 운동은 원자핵 주변에서 전자의 궤도 운동뿐만 아니라 전자의 자전 운동으로 이루어져 있다. 두 번째의 경우를 이른바 '스핀'이라고 한다.

변화 가능한 자기장이 전류를 만들어낸다

이 실험에는 앞의 실험에서 이용한 철 볼트를 다시 사용할 수 있다. 전지는 필요 없다. 전류를 얻는 실험이기 때문이다. 전지 대신에 꼬마전구를 구리선의 양끝에 연결한다. 코일을 따라 자석을 움직이면서 꼬마전구에 불이 들어오는지를 관찰한다.

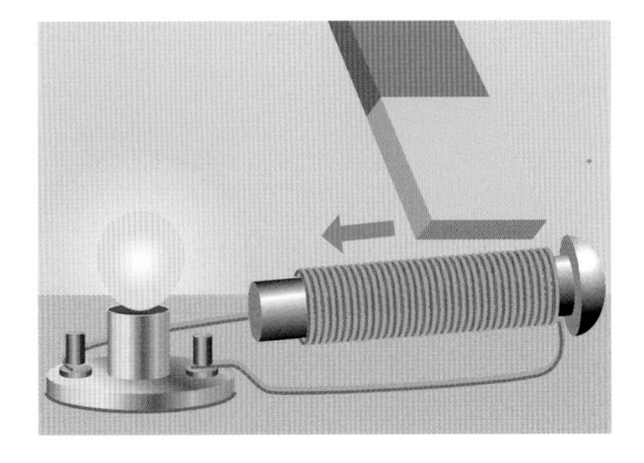

전류를 만들어내기 위해서는 강력한 자석이 필요하다. 코일을 따라 자석을 움직이면 꼬마전구에 불이 들어온다. 자석을 빠르게 움직일수록 전류는 더 강해진다. 강력한 자석을 이용하는 방법 이외에도 코일을 더 많이 감으면 전류의 강도를 높일 수 있다.

발전기란 무엇인가

서커스 단장의 설명이 이어진다. "패러데이의 시도는 발전기의 초기 단계였어요. 발전기는 자성 운동에서 전류를 만들어내는 기계입

발전기와 전기 모터
발전기는 케이블 코일 내부에서 자전 운동하는 자석들의 도움으로 작동한다. 반면에 전기 모터의 경우에는 전류에서 기계적 에너지를 얻는다.

니다. 우리가 사용하는 전기의 99%는 발전기를 통해 만들어져요. 대부분의 발전기는 회전 가능한 자석의 도움으로 작동하지요. 이 자석들은 케이블 코일 내부에서 자전 운동을 하지요. 이것은 다양한 방법으로 추진력을 얻어요. 화력 발전소나 원자력 발전소에서는 먼저 수증기를 만들어냅니다. 이 증기력으로 발전기의 터빈을 돌리는 것입니다. 이와는 달리 수력 발전소의 터빈은 움직이는 물을 통해 직접 추진력을 얻지요. 이때 자석이 강할수록, 코일의 감긴 수가 많을수록, 그리고 회전이 빠를수록 전압은 더 높아집니다. 발전기를 통해서 교류가 만들어지지요. 왜냐하면 자석은 회전하는 동안 케이블의 각 지점에서 위와 아래로 한 번씩 움직이기 때문이에요. 이때 만들어지는 교류의 주파수는 터빈의 초당 회전수와 같아요. 이러한 전류에서 정류기와 변압기를 이용한 여러 가지 기술적 과정을 거쳐 직류와 교류를 얻게 되지요."

전기 모터는 도처에 있다

전기 모터는 발전기와 정반대의 경우이다. 즉 전류에서 기계적 에너지를 얻는다.

전기 모터의 경우 고정된 자석의 두 극 사이에서 움직이는 발전자(發電子)가 회전한다. 이 발전자를 통해 전류가 전도된다. 전류가 흐르자마자 발전자는 자기력으로 인해 기울어진다. 전자석의 비결은 전류가 반쯤 회전한 후에는 자신의 방향을 바꿔야 한다는 점에 있다. 이것은 전류의 흐름을 자동으로 바꿔주는 접촉부의 능란한 작용을 통해 이루어진다. 이를 통해 발전자는 전류가 다시 극을 바꿀 때까지 절반만 회전한다. 이러한 회전 운동이 계속 이어진다. 물론 발전자에 교류를 사용하면 훨씬 간단하다. 이 경우에는 접촉부를 통해 기계적으로 극을 바꿀 필요가 없다. 모터는 교류의 빈도와 동일한 빈도로 돌아간다.

전기 모터 만들기

이 실험에는 핀 여섯 개, 가느다란 케이블(1m 길이의 전화선이 가장 좋다), 최소한 4.5볼트의 전지, 자석, 코르크 병마개 등이 필요하다.

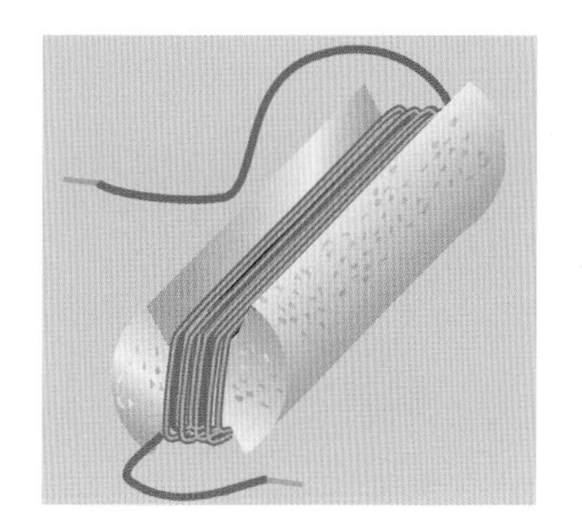

1단계

코르크 병마개의 가로를 톱니 모양으로 움푹 파낸 다음 케이블을 최소한 20번 감는다.

2단계

병마개에 감은 케이블을 접착 테이프로 고정시킨다. 케이블의 양끝 4cm 정도의 절연을 제거한 다음, 양끝이 모두 병마개의 한쪽에서 끝나도록 한다.

3단계

케이블의 양끝을 반원 형태로 구부린 다음 병마개의 양편에 부착한다. 케이블은 약간 단이 풀려도 괜찮다. 왜냐하면 케이블은 회전할 때 전류를 연결하기 때문이다.

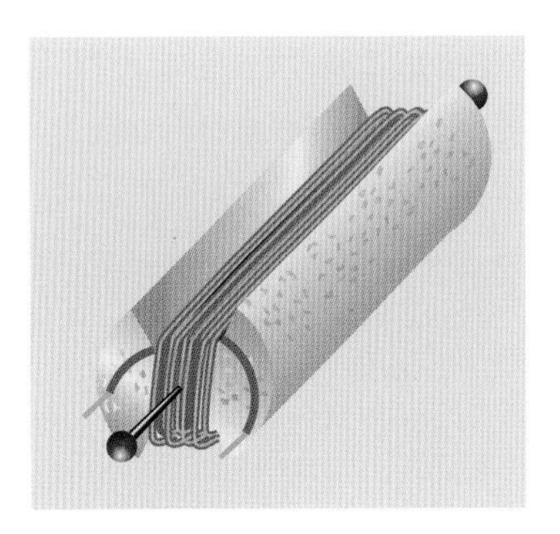

4단계

두 개의 핀을 코르크의 가로축을 따라 꽂는다. 이때 핀이 케이블에 직접 꽂히지 않도록 주의해야 한다. 이 핀들은 발전자의 회전축이 된다. 이로써 전기 모터의 발전자가 완성된 셈이다. 이제 고정 장치만 설치하면 된다.

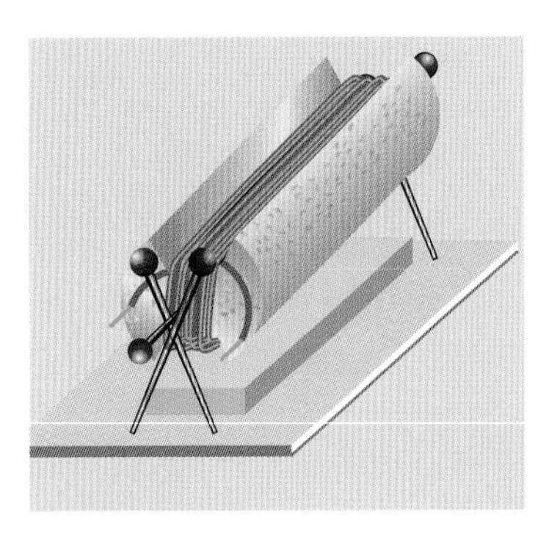

5단계

양끝에서 핀 두 개를 십자 모양으로 딱딱한 판지에 꽂는다. 그 거리는 발전자가 똑바로 들어갈 수 있을 정도가 되어야 한다. 회전축을 핀 위에 올려놓는다. 이때 발전자가 자유롭게 자전 운동을 할 수 있는 여건이 되어 있는지 확인한다.

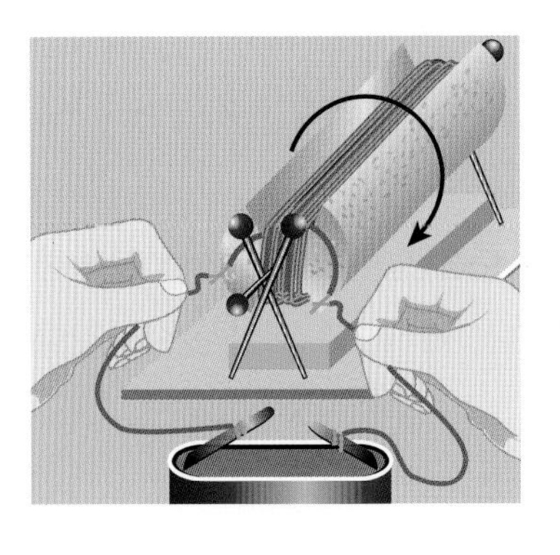

두 개의 케이블을 전지에 접속한 다음 발전자의 끝에 조심스럽게 갖다대면 모터는 회전한다.

6단계

이제 자석을 코르크 밑에 밀어넣는다. 이때 자석이 코르크에 닿아서는 안 된다. 자석이 너무 큰 경우에는 판지 밑에 구멍을 뚫은 다음 거기에 자석을 놓는다. 두 개 이상의 자석을 준비한 경우에는 코르크를 따라 측면에 세워둔다.

이로써 모터의 가동 준비는 모두 끝난 셈이다. 두 개의 케이블을 전지에 접속한 다음 발전자의 끝에 조심스럽게 갖다댄다. 모터는 늦어도 그것을 약간 건드린 다음에는 회전한다. 코일의 수가 많을수록, 그리고 자석이 강할수록 모터의 성능은 더욱 좋아진다.

전기 모터
발전기와 함께 전기 모터는 가장 중요한 전기 기계이다. 전기 모터는 헤어드라이어 · 믹서 · 환풍기 등과 같이 수많은 일상 용품에 사용된다. 전기 모터는 기본적으로 직류, 삼상 교류, 교류 등으로 추진력을 얻을 수 있다.

"전기 모터를 사용하는 예는 기관차 · 믹서 · 환풍기 · 헤어드라이어 · 전기 자동차 등 도처에서 찾아볼 수 있지요." 단장이 말한다.

"내 장난감 자동차도 전기 모터로 움직이나요?" 얀이 묻는다.

"그럼. 저기 어딘가에 고장난 장난감 자동차가 있을 게다. 그 장난감의 내부를 한 번 들여다보자."

단장이 장난감 자동차의 나사를 푼다. 내부에는 실제로 작은 전기 모터가 들어 있다.

전화기의 원리

바로 이때 전화벨이 울린다. 단장은 또 다른 묘기를 선보일 수 있는 좋은 기회를 잡은 것에 기뻐한다. 이 묘기는 전기와 자기력의 협력을 바탕으로 한다.

"지금부터 세계에서 가장 간단한 전화 도청 묘기를 보여드리겠습니다."

그는 헤드폰을 케이블에 연결한 다음 얀에게 준다. 그리고는 케이블을 전화선을 따라 놓는다. 얀이 헤드폰을 머리에 쓰는 동안 단장이 수화기를 든다.

"안녕하세요. 저는 마술사입니다. 몇 분 후면 저의 공연이 시작합

증폭기가 없는 전화기
알렉산더 그래험 벨(1847~1922)은 에딘버러 대학의 생리학 교수였다. 그는 1876년, 그 원리가 오늘날에도 사용되는 전화기를 발명했다. 이 전화기는 전지 없이 작동한다. 전류는 사람의 목소리로 인해 만들어진다. 그 원리는 1876년 벨이 발명한 전화기의 원리와 비슷하다. 전화기는 증폭기 없이 작동하기 때문에 보통 때보다 큰 소리로 말해야 한다. 그래야만 상대편의 진동판이 제대로 움직일 만큼의 전류가 만들어진다.

니다. 서두르십시오."

헤드폰을 통해 얀은 이 말을 듣는다. 단장의 묘기가 실제로 통한 것이다. 이것은 물론 집에서도 따라할 수 있다.

비밀 스파이 학교

도청 케이블이 전화 케이블 바로 옆에 놓여 있으면 전화 케이블의 자기장이 도청 케이블에 영향을 미친다. 자기장은 도청 케이블에 새로운 전류를 만들어내고(유도하고) 이 전류에 인어 코드를 전달한다. 이것은 헤드폰을 통해 도청할 수 있다.

1단계

케이블의 절연 상태를 손상시키지 않도록 주의하며 일부를 칼로 조심스럽게 잘라낸 다음 헤드폰의 양끝에 연결한다. 이것을 쇼트라고 부른다.

2단계

이 케이블을 전화 케이블을 따라 가능한 한 가까이 놓는다. 두 케이블을 접착 테이프로 결합시키는 것이 가장 좋다. 이제 모든 전화 내용을 도청할 수 있다. 이 묘기는 모든 전류가 자기장을 만들어내기 때문에 가능하다. 이때 전류는 전화 케이블을 통해 만들어진다. 전류는 중계된 언어에 따라 강도와 주파수를 변화시킨 후 그 정보를 자기장에 전달한다.

단장은 마술사에게 공연에 늦지 않도록 서두르겠다고 약속한다. 그래서 그는 통화를 가능한 한 빨리 끝마친다.

정보상자

최초의 전화기

최초의 전화기는 1876년 스코틀랜드의 과학자 알렉산더 그래험 벨이 발명했다. 당시에 다른 사람들도 그와 비슷한 연구를 진행했다. 그러나 벨의 업적은 목소리 또는 음의 울림을 전기 신호로 전달한 것이었다. 이 신호는 전선을 통해 수신자에게 중계될 수 있었다. 수신자에게 이 전기 신호는 다시 목소리의 울림으로 바뀌어 전달되었다.

벨은 코일 위에 철판을 설치했다. 누군가가 말을 하면 이 철판이 울리고 이를 통해 코일 안의 전류가 유도되었다. 이 전류는 전기 회로를 타고 멀리 떨어진 코일로 흘러갔다. 그 안에서는 수시로 바뀌는 자기장이 만들어져서 철 코일을 다시 송신자의 철판과 똑같은 울림으로 변환시켰다.

1876년의 어느 날 벨은 집의 2층에서 발명 작업을 진행하고 있었다. 1층에 있던 조수가 갑자기 수화기를 통해 벨의 목소리를 들었다. 전화기에서 흘러나온 최초의 말은 "왓슨 씨, 이리로 좀 오세요. 할말이 있어요"였다(그는 전화기의 용도를 잠시 망각했던 것 같다).

"전화기는 원래 어떻게 작동하지요?" 얀이 묻는다.

"금방 보여줄게. 간단한 전화기를 만드는 데 필요한 재료는 여기에 다 있단다. 전화기의 작동 원리를 이해하기 위해서는 전기와 자석의 힘에 대한 지식이 필요해. 그러한 전화기는 집에서도 간단히 만들 수 있어."

전화기 만들기

전화기 제작에는 요구르트 병 두 개, 볼트 자석 두 개(각각 2cm 길이), 타자지, 구리선 두 개, 판지, 케이블 두 개(최소한 5m 길이), 접착제, 가위 등이 필요하다. 완전한 전화 설비를 갖추려면 수화기 두 개가 필요하다. 따라서 모든 것을 두 개씩 제작한다.

1단계

코일 고정 장치 제작 : 판지에서 좁은 띠 두 개와 이중 십자가 모양(그림 1) 한 개를 오려낸다. 띠 하나는 동그랗게 만들어 요구르트 병의 입구에 부착한다. 이중 십자가는 끝을 구부려서 요구르트 병 입구에 맞춘 다음 바깥에서 부착한다. 두 번째 띠로 이것을 감은 다음 부착한다. 이중 십자가의 가운뎃부분을 움푹 들어가게 하여 전체적으로 반구 형태가 되도록 한다. 이로써 코일 고정 장치가 완성된다.

2단계

코일 제작 : 볼트 자석의 지름을 잰 다음 판지에서 자석 지름의 두 배

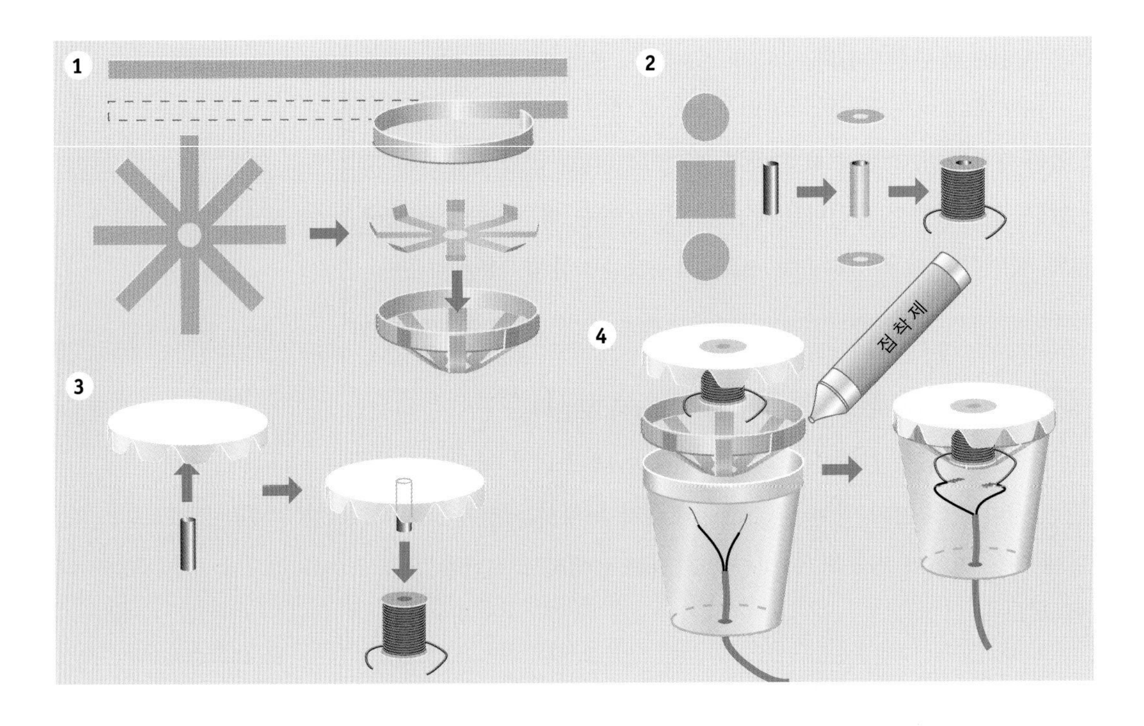

가 되는 원을 두 개 오려낸다. 자석을 원의 중앙에 세워놓고 연필로 그 윤곽을 덧그린 다음 연필선을 따라 오려내어 구멍을 만든다. 볼트 자석 높이의 작은 띠를 판지에서 오려낸다. 그 띠는 가로축을 따라 구부려서 자석이 들어갈 수 있을 만한 원통 모양으로 만든다(이때 자석에 약간의 공간적 여유가 있어야 한다). 판지로 만든 구멍이 뚫린 두 개의 원에 자석의 위와 아래를 끼운다. 구리선을 원통에 여러 번 감은 다음 밑으로 흘러내리지 않도록 접착제로 붙인다. 이때 구리선의 양끝이 원통에 달라붙지 않도록 주의한다. 이로써 코일이 완성된다. 이것을 1단계에서 제작한 코일 고정 장치의 안쪽 끝에 부착한다. 이중 십자가의 가운데에 코일 입구 크기의 구멍을 만든다.

최초의 전화
알렉산더 그래험 벨은 자신의 발명을 브라질 황제 앞에서 시연해보임으로써 많은 관심을 불러일으켰다.
최초의 전화는 1878년 뉴헤이번(커넥티커트/미국)에서 개통되었다. 1년 후에는 똑같은 종류의 전화 8회선이 런던에 설치되었다.

3단계

진동판 : 타자지에서 코일 고정 장치의 지름 크기의 원을 오려낸다. 이 종이의 가운데에 볼트 자석을 부착한 다음 코일에 꽂는다. 이때 자석이 판지 가장자리에 닿지 않도록 조심한다.

4단계

접속 : 진동판을 고정 장치에 부착한다. 요구르트 병의 바닥에 구멍을 낸 다음 두 개의 긴 케이블을 꽂는다. 두 케이블의 끝은 절연이 되지 않도록 한다. 이것을 코일의 절연되지 않은 두 구리선에 각각 연결한다. 이 장비 전체를 케이스 안에 집어넣으면 수화기가 완성된다.

5단계

이 모든 것을 한 번 더 제작한다. 그럼으로써 전화기가 완성된다.

전자기 현상

맥스웰은 누구인가
제임스 클라크 맥스웰(1831~1879)은 에버딘, 런던, 케임브리지 등지의 교수였다. 가장 중요한 그의 업적은 전자기장의 이론을 발전시킨 것이다.

마술사가 공연을 시작하기까지 시간이 얼마 남지 않았다. 그럼에도 불구하고 단장은 마지막으로 매우 특별한 것을 보여주고 싶어한다.

"이제부터 말하고자 하는 내용은 전체 이야기의 클라이맥스와 같아요. 전기와 자기의 힘은, 요약해서 말하자면 전자기의 상호 작용이라고 할 수 있어요. 이것은 제임스 클라크 맥스웰이 최초로 생각해낸 것으로서 이른바 네 개의 맥스웰 방정식으로 나타낼 수 있지요. 이 경이로운 방정식들은 전자기 파동을 만들어낼 수 있는 가능성을 다루고 있어요. 맥스웰이 예언한 이 현상은 얼마 뒤 독일의 물리학자 하인리히 헤르츠가 실제로 발견했어요."

전자기파

전자기파는 금속으로 된 송신기에 의해 만들어진다. 이 송신기 안에서 전하들은 특정한 주파수로 끝과 끝 사이를 이리저리 움직인다. 이때 변동하는 전자기장이 만들어져서 송신기를 떠나게 된다. 여기에서 생성된 전자기파는 심지어 진공 속에서도 스스로를 지탱할 수 있다.

중요한 것은 전기장과 자기장 사이의 상호 작용이다. 가변적인 전기장이 가변적인 자기장을 만들어내며 이것은 다시 전기장에 영향을 준다. 이런 식으로 전기와 자기의 힘은 서로를 의지한다. 이것들은 송신기의 전하 분할과 마찬가지로 똑같은 주파수와 강도로 움직인다. 이것들은 일정한 속도, 구체적으로는 광속으로 퍼져나간다. 전자기

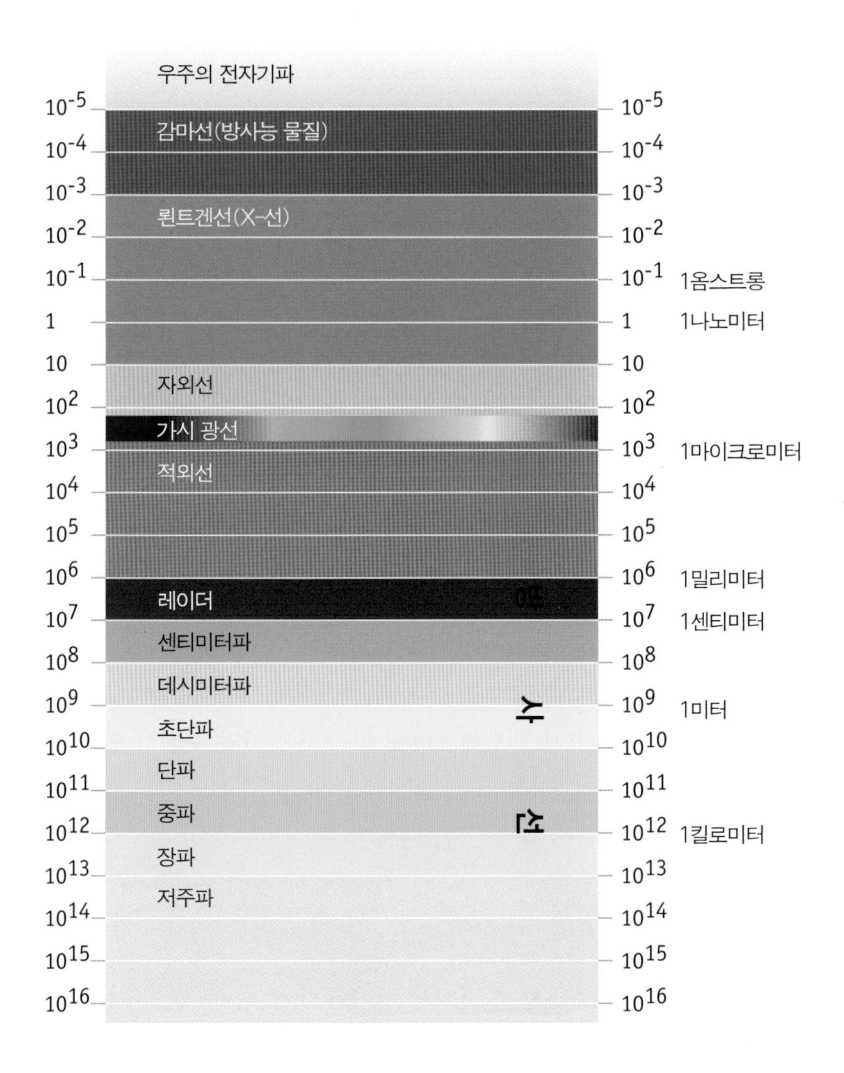

파는 퍼져나가는 방향과 진동 방향이 서로 수직을 이루는 횡파이다.

"전자기파는 어디에 쓰이나요?" 얀이 궁금해 한다.

"전자기파는 여러 가지 형태를 지니고 있고 용도도 아주 다양하단다. 전자기파를 일컫는 대부분의 이름은 일상 생활에서도 쉽게 들어

볼 수 있는 것들이야. 뢴트겐선, 자외선, 가시 광선, 적외선, 고주파, 극초단파 등등. 이러한 전자기파들은 주파수에 따라 서로 구별되지. 어떤 파동의 주파수를 알면 그 에너지와 파장도 알 수 있어. 주파수가 높을수록 에너지는 더 커지고 파장은 더 작아진단다."

"그게 어떤 의미이지요?" 할아버지가 묻는다.

"송신기의 전하가 빨리 움직일수록 복사 에너지는 더 높아져요. 따라서 방출된 전자기파도 더 높은 주파수로 움직이지요. 파동은 빠를수록 파장을 점점 더 짧게 만들어요. 따라서 이러한 파동은 더 짧은 파장을 갖게 되지요."

"파동은 송신기와 수신기에서 어떻게 움직이나요?" 얀이 묻는다.

"송신기와 수신기의 도체는 이른바 진동 회로처럼 작동하지. 진동 회로는 콘덴서와 전기 코일로 이루어져 있어. 콘덴서가 전기 에너지를 잠시 저장하는 반면에 코일은 자석 에너지를 잠시 저장해. 코일과 콘덴서가 강도를 어떻게 정하느냐에 따라 송신기와 수신기 안의 전하는 특정한 주파수로 이리저리 움직이는 거야."

맥스웰의 방정식

제임스 클라크 맥스웰은 전기와 자기의 힘에 관해 지금까지 알려진 모든 방정식들을 종합하여 이른바 네 개의 미분 방정식으로 체계화시켰다.

미분 방정식은 물리학적 관계와 시간적인 변화 과정을 기술하는 데 사용되는 탁월한 수학적 수단이다. 미분 방정식에서는 다른 양들과 종속 관계에 있는 어떤 양의 시간적인 변화를 수학적으로 정확히 기술한다. 맥스웰은 네 개의 방정식을 통해 독보적인 방법으로 전기와 자기의 힘을 전자기로 통합시켰다. 그 비결은 방정식들의 정확한 형식을 찾아낸 데 있었다. 왜냐하면 맥스웰 이전에도 이 네 개의 방정식은 기본적으로 알려져 있었기 때문이다. 물론 그것들은 아직 논리적이지 못했다. 전하가 보존양이 아니었기 때문이다. 추가적인 항을 도입함으로써 맥스웰은 이러한 어려움을 해결할 수 있었다. 전하는 보존 상태를 유지하며, 전기장과 자기장의 크기는 절묘하게 대칭을 이룬다. 이것들은 이러한 방정식을 통해 '일종의 쌍둥이' 처럼 나타나지만 그럼에도 불구하고 서로 다르다.

제1방정식:전하에서 전기장이 생성되는 과정을 기술한다.

제2방정식:자기장의 생성을 기술하며 전기장과의 차이를 나타낸다. 자기의 단일극은 없다. 따라서 자기장의 전체 양은 0이다.

제3방정식:패러데이의 유도 법칙이다. 즉 변동하는 자기장은 전기장을 만들어낸다.

제4방정식:암페어 법칙. 즉 변동하는 전기장과 전류는 자기장을 만들어낸다.

이 대칭에서의 차이는 독립된 전하가 있기는 하지만 자기의 독립된 극은 없다는 물리학적 여건에 기초하고 있다. 따라서 전류와는 반대로 자기에서는 미립자들의 흐름도 없다. 맥스웰의 방정식들은 새로운 종류의 시도뿐만 아니라 새로운 특성들의 발견을 예고했다. 1888년에 하인리히 헤르츠에 의해 이미 증명된 전자기파가 그 실례이다.

하인리히 헤르츠
(1857~1894)
하인리히 헤르츠라는 이름 역시 측정 단위로 사용되고 있다. 전자기파의 주파수 단위가 헤르츠이다. 1헤르츠는 초당 한 번 진동하는 것을 의미한다.
1885년~1888년에 이 젊은 물리학자는 카를스루에 대학에서 전자기파를 보내고 받을 수 있는 최초의 장비를 개발했다. 이를 위해 그는 송신기 · 안테나 · 수신기 등을 제작했다.
그의 실험을 통해 전자기파의 존재가 최초로 증명되었다. 그럼에도 불구하고 헤르츠는 자신의 실험이 '이 분야의 대가인 맥스웰의 예언이 정당하다' 는 것을 증명한 것에 불과하다고 확신했다. 그래서 그는 자신의 발견이 아무런 효용 가치도 없다고 생각했다. 학생들 앞에서 자신의 장비를 실험해보이는 도중에 "이제 어떻게 하실 작정입니까?" 라는 질문을 받자 이 과학자는 "특별히 할일은 없다고 생각하네" 라고 대답했다.
그러나 그는 금방 자신의 잘못된 생각을 고쳤다. 겨우 37세에 패혈증으로 사망하기 얼마 전에 그는 전자기파에 대한 관심이 급속하게 퍼져나가는 것을 지켜보았다. 1891년 영국의 수학자이자 물리학자인 올리버 헤비사이드의 다음과 같은 말이 이것을 증명한다. "3년 전만 해도 전자기파는 어디에도 없었지만 지금은 도처에 있다."

맥스웰은 전자기파의 존재와 성질뿐만 아니라 그 속도도 예견할 수 있었다. 맥스웰의 방정식에 따르면 저절로 알 수 있듯이 양은 보편적인 상수, 즉 광속으로 나타난다. 맥스웰의 이론은 독보적인 방식으로 전기 · 자기 · 광학 등의 세 가지 분야를 결합시키는 데 성공했다.

"전자기파는 정보 전달에 적합합니다. 전자기파가 엄청나게 빠른 덕분에 뉴스는 쉽게 반송파 주파수로 부호화되지요. 그러한 전파를 간단한 방법으로 수신할 수 있다는 점을 내 마지막 실험에서 보여주고 싶어요."

이 마지막 실험은 단장의 걸작이다. 이 실험에는 실제로 간단한 도구만 있으면 된다. 물론 이것을 제작하는 데는 약간의 인내가 필요하다.

"이제 특수한 라디오를 제작해볼까 합니다. 이 라디오는 전지나 전기 없이도 전자기파를 라디오 주파수로 수신한답니다. 전파의 에너지만으로 작동하니까요. 이 라디오의 원리는 너무 간단해서 뭔가 잘못된 게 아닌가 하는 생각이 들 정도예요. 모든 게 제대로 돌아가면 침대의 철망제 밑받침이나 전원이 나간 전축을 이용해서도 라디오를 들을 수 있어요."

라디오 만들기

규격이 몇 가지 맞지 않는다 할지라도 걱정할 필요는 없다. 하지만 수신기는 모든 여건이 들어맞아야 한다.

1단계

휴지가 말려 있던 종이 원통에 연필로 다음과 같은 점들을 일직선으로 표시한다.

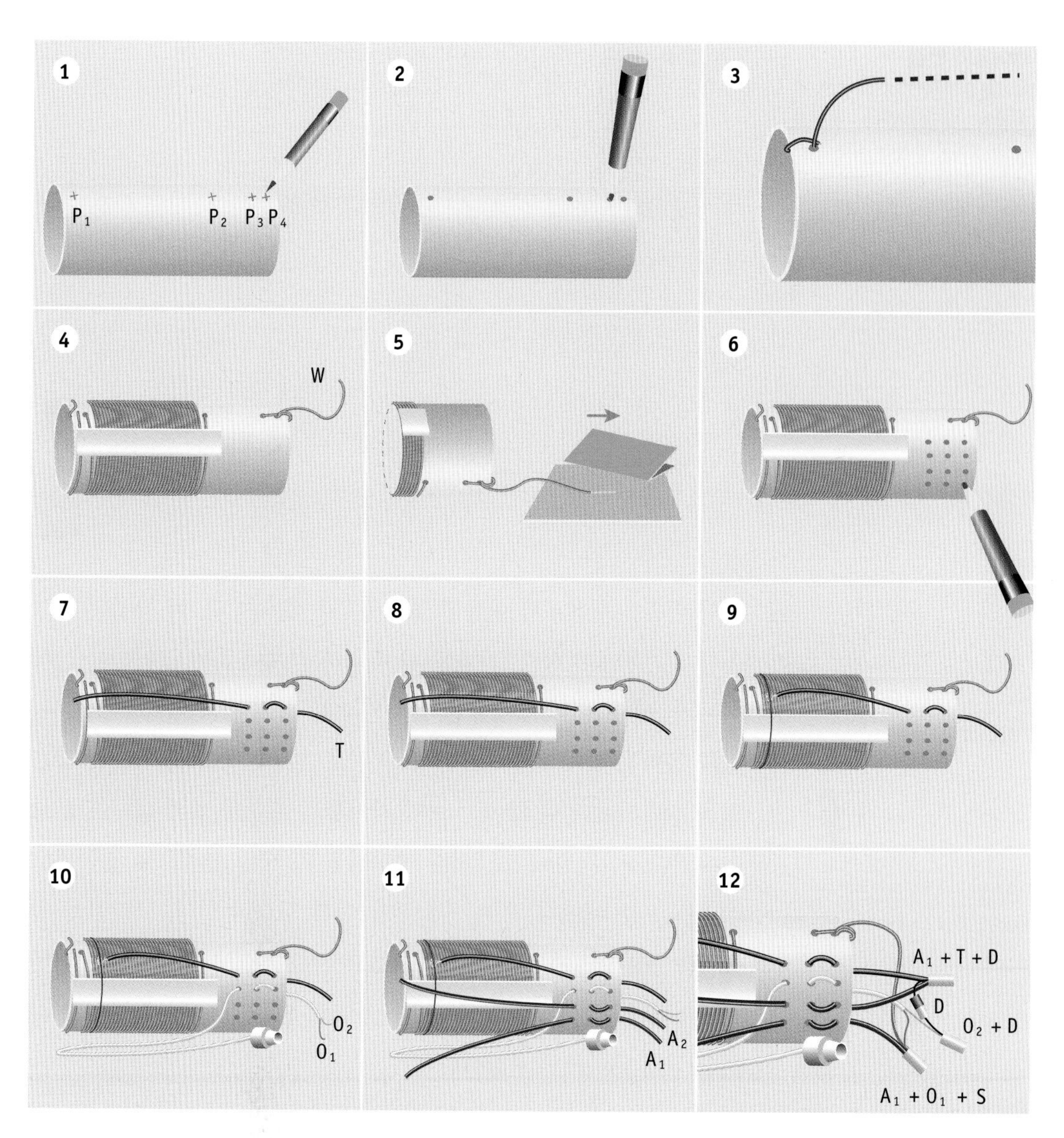

왼쪽 끝에서 5mm 떨어진 지점 : P1

왼쪽 끝에서 8cm 떨어진 지점 : P2

오른쪽 끝에서 1cm 떨어진 지점 : P3

다음과 같은 도구들을 준비한다.
종이 원통, 절연된 구리 케이블(20~30m), 안테나 케이블 두 개(약 3m), 단단한 케이블(약 30cm), 정류기 다이오드(또는 수정), 사포, 이어폰, 접착 테이프.

케이블의 연결
케이블은 사이가 뜨지 않도록 촘촘히 감아야 한다. 케이블 끝의 벗겨진 부분은 접착 테이프로 감아서 절연 상태를 유지하도록 한다. 다이오드는 조심스럽게 다루어야 한다. 다이오드 선이 다이오드 입구에서 꺾이면 손상될 수 있다.

오른쪽 끝에서 5mm 떨어진 지점 : P4

2단계
각 지점마다 연필 끝으로 조심스럽게 구멍을 뚫는다. 이때 원통 안쪽에 손가락을 대고 하는 것이 좋다.

3단계
긴 구리선의 한쪽 끝을 P1에 꽂는다. 그 끝을 몇 cm 남긴 원통 끝의 구멍에 여러 번 감아서 고정시킨다.

4단계
가장 어려운 단계로서 원통에 코일을 감는 순서이다. 이 작업은 조심스럽게 진행해야 한다. 가능한 한 촘촘히 감아야 하며 구리선이 겹쳐서는 안 된다. 이미 감아놓은 구리선을 한 손에 잡고 다른 손으로 원통을 돌리는 것이 가장 좋다. 10분 정도 고생한다고 생각하자. 감는 일을 중단해야만 할 때에는 이미 감아놓은 부분을 접착 테이프로 고정시킨다. P2 지점에 도달하면 구리선을 P2 구멍 안쪽으로 집어넣고 P3 구멍으로 빼낸다. 이때 구리선을 바짝 당겨야 한다. 구리선을 원통 끝의 P4 구멍에 여러 번 감아서 고정시킨다. 구리선의 끝에서 몇 센티미터 정도를 남기고 나머지는 가위로 자른다. 원통에 감은 구리선을 접착 테이프로 고정시킨다.

5단계
구리선 끝을 사포로 힘차게 문지르고 손가락으로 비벼서 절연 상태를 제거하여 구리선이 1cm 정도 드러나도록 한다.

6단계

이제는 라디오에 여러 개의 접속부를 만들어야 한다. 먼저 코일이 감겨 있지 않은 부분에 세 개의 구멍을 4열로 뚫는다. 한 열에서 구멍 사이의 간격은 1cm로 한다. 첫 번째 구멍은 코일 끝으로부터 1.3cm 정도 떨어져야 한다. 각 열의 간격은 2.5cm로 한다.

7단계

한 열의 구멍에 단단하고 짧은 선을 꿴다. 어느 열을 선택하든 상관없다. 이 선이 나중에 튜너 케이블이 된다. 이 선 T(튜너)의 끝은 코일을 감기 시작한 쪽 밖으로 튀어나올 정도의 길이가 되어야 한다. 다른 쪽 끝은 원통의 반대편 끝에서부터 3cm 정도 튀어나오도록 한다.

8단계

튜너 케이블을 따라서 약 1cm의 넓이로 코일의 절연 상태를 사포로 제거한다.

9단계

튜너 케이블을 고무 밴드로 코일에 고정시킨다. 이때 튜너 케이블의 벗겨진 끝 부분이 코일의 절연되지 않은 면에 닿도록 한다.

10단계

이어폰의 접속 케이블 O를 두 번째 열에 꿴다. 케이블의 양끝을 서로 분리시킨다. 이 케이블을 원통 밖으로 3cm 정도 튀어나오도록 한다.

라디오는 그런 식으로 사용된다

라디오를 옮길 때에는 코일에 손을 대서는 안 된다. 대신에 원통 위와 아래를 붙잡으면 된다. 안테나가 길수록 수신 상태가 더 좋다. 따라서 안테나 케이블을 텔레비전 안테나, 금속 창문틀, 스팀 등에 연결하면 수신 상태를 향상시킬 수 있다. 두 번째 안테나 케이블은 접지로 사용된다. 케이블의 벗겨진 끝을 손에 잡고만 있어도 그 효과를 낼 수 있다.

라디오를 듣기 위해서 이어폰을 귀에 꽂는다. 채널을 맞추는 일은 튜너 케이블이 수행한다. 방송이 잡힐 때까지 튜너 케이블의 접속부를 절연이 제거된 코일 부분을 따라 움직인다. 수신 상태에 만족하면 튜너 케이블의 접속부를 고무 밴드로 코일에 고정시킨다. 이러한 작업을 하지 않더라도 라디오의 위치를 바꾸는 것만으로도 가끔은 기적이 일어날 수 있다.

작동 방식
라디오 전파는 코일의 전류를 진동 상태로 만들며 이것은 다시 다이오드에 의해 정류되어 이어폰 속에서 작업을 수행한다.

11단계
두 개의 긴 케이블을 나머지 두 열에 펜다. 이 케이블들의 끝도 원통 밖으로 3cm 정도 튀어나오도록 한다. 이 케이블들은 안테나 케이블(A1, A2)로 사용한다.

12단계
a) 코일 케이블을 안테나 케이블 및 이어폰 케이블 하나와 연결한다.
b) 나머지 이어폰 케이블과 다이오드의 하얀색 끝을 연결한다.
c) 다이오드의 검은색 끝을 나머지 안테나 케이블 및 튜너 케이블과 연결한다.
d) 케이블 뭉치를 원통 안으로 집어넣는다. 이로써 라디오가 완성된다.

5. 빛의 환상적인 광채

반전 형상

환상

마술

광학과 시각을 위한 마법의 밤

얀과 할아버지, 그리고 단장과 고양이가 겨우 시간에 맞춰 도착했다. 그들이 자리에 앉자마자 마술사가 공연의 시작을 알린다.

"신사 숙녀 여러분! 단 한 차례에 불과한 저의 공연에 참석하신 것을 진심으로 환영하는 바입니다. 저의 묘기에는 조수가 전혀 필요 없습니다. 빛(빛의 환상적인 특성들)과 여러분의 인지 능력만이 필요할 뿐입니다."

반전 형상

"마침 오늘 고양이 한 마리를 준비했습니다." 마술사가 자신의 첫 번째 공연을 예고한다. 그는 고양이를 향해 서치라이트를 비춘다. 고양이는 소스라치게 놀라며 얼빠진 표정을 짓는다. 이에 아랑곳하지 않고 마술사는 고양이를 들어서 무대에 내려놓는다.

마술사의 말이 이어진다.

"저는 이 고양이를 아주 간단하게 개로 만들 수 있습니다. 그러기 위해서는 여러분이 고양이를 뒤집어놓은 모습을 상상해야 합니다. 물론 고양이에게 물구나무서기를 시키는 일은 저처럼 훌륭한 마술사에게도 매우 어려운 일입니다. 따라서 여러분이 머리를 밑으로 돌린 상태에서 고양

고양이 또는 개?
아래의 그림을 뒤집어보면 갑자기 고양이 대신에 두 귀가 쫑긋한 개의 형상이 나타난다.

이에게 어떤 일이 일어나는지를 관찰하는 것이 가장 좋습니다. 뒤에 계신 관객들을 위해서는 고양이 그림을 보여드리겠습니다. 이 그림을 뒤집어보면 개로 보일 것입니다."

마술사가 말을 끝마치기도 전에, 개의 형상을 본 관객들의 입에서 감탄사가 터져나온다.

"신사 숙녀 여러분! 이제 온갖 어려움에도 불구하고 고양이가 물구나무서기를 하도록 유도해보겠습니다." 마술사는 완전히 얼이 빠진 고양이의 눈앞에 피자의 마지막 한 조각을 갖다댄다. 그러자 고양이는 놀랍게도 물구나무서기를 한다.

"이 마술의 비밀은 고양이가 피자의 나머지 조각들을 발견한 데 있습니다. 위의 그림을 거꾸로 놓고보면 이것을 쉽게 알 수 있습니다."

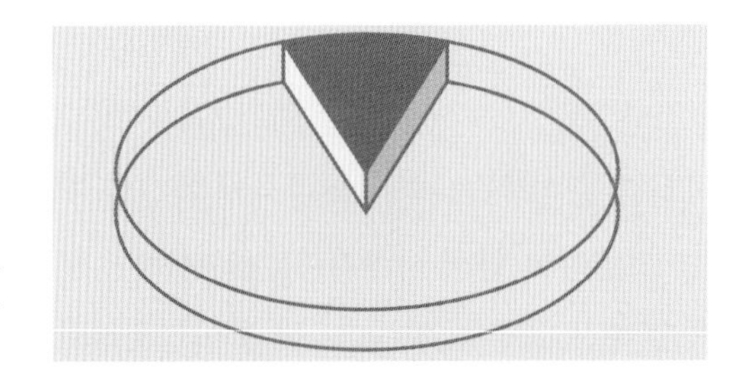

이 그림을 거꾸로놓고 보면 피자는 마지막 한 조각이 아니라 한 조각만 떼어낸 모양으로 나타난다.

실제로 얀도 피자의 나머지 부분을 확인하고는 금방 식사를 끝낸 것을 애석해 한다. 마술사는 '동물 실험' 을 끝내고 아직도 영문을 모르는 고양이를 자기 자리로 데려간 다음 고맙다는 의미로 피자 한 조각을 준다.

전도된 그림 이야기

마술사가 공연을 계속한다.

"저기 벽에 그림 하나가 걸려 있습니다. 저 그림에서는 커다란 새가 어떤 여인을 주둥이에 물고 있습니다. 간단한 마술상자를 이용하여 즉시 이 가련한 여인에게 구원자를 보내도록 하겠습니다. 잘 지켜봐주시기 바랍니다."

그는 뒤쪽을 투사지로 막은 판지 상자를 새 쪽으로 천천히 움직인다. 실제로 거기에는 보트에 타고 있는 작은 남자의 모습이 나타난다. 그 옆으로는 물고기 한 마리와 섬이 보인다.

이 반전 형상은 프랑스어권의 캐나다인 구스타브 베르베크의 작품이다. 그는 1900년 〈선데이 뉴욕 헤럴드〉에 이러한 코믹 시리즈를 발표함으로써 세계적인 명성을 얻었다.

"어떻게 이런 일이 가능할까요?" 얀이 묻는다.

"마술사는 자신의 비법을 알려주지 않는 법입니다. 그러나 이 공연에서 저는 마술사가 아니라 오히려 여러분의 인지 시스템이기 때문에 오늘만큼은 예외로 하겠습니다. 마술상자 뒤에서 일어나는 묘기의 비밀은 그것이 모든 대상들의 음영을 투사지에 거꾸로 비추는 데 있습니다. 이 그림을 거꾸로놓고 보면 이것을 확인할 수 있을 것입니다."

그는 벽에 걸려 있는 그림을 거꾸로 놓는다. 그러자 보트를 타고 있는 남자의 모습이 나타난다.

"이 그림은 프랑스어권의 캐나다인 구스타브 베르베크의 작품으로 1900년 〈선데이 뉴욕 헤럴드〉에 연재한 '전도된 그림 이야기' 가운데 하나입니다."

"이러한 물구나무서기 상자의 원리는 무엇인가요?" 할아버지가 묻는다.

모습이 희미해진다?

투영된 그림은 각각의 그림이 얼마나 떨어져 있느냐에 따라 투사지에 희미하게 나타날 수도 있다. 투영된 그림이 선명하게 나타나게 하려면 투사지가 달린 상자를 움직이면 된다. 그러면 렌즈 · 확대경 · 종이 사이의 거리가 바뀐다. 이러한 묘기는 확대경 없이도 가능하다. 물론 그림의 선명도는 훨씬 떨어진다. 이와 같이 간단한 조리개를 이용하면 예를 들어 태양의 흑점도 관찰할 수 있다.

카메라의 원리

마술사가 상자를 연다

"이 모든 것은 카메라의 원리와 똑같습니다. 이러한 상자는 집에서도 쉽게 만들 수 있습니다." 마술사는 구두 상자를 가져와 카메라 만드는 방법을 소개한다.

카메라 만들기

재료로는 구두 상자, 확대경, 투사지, 고무줄 등이 필요하다.

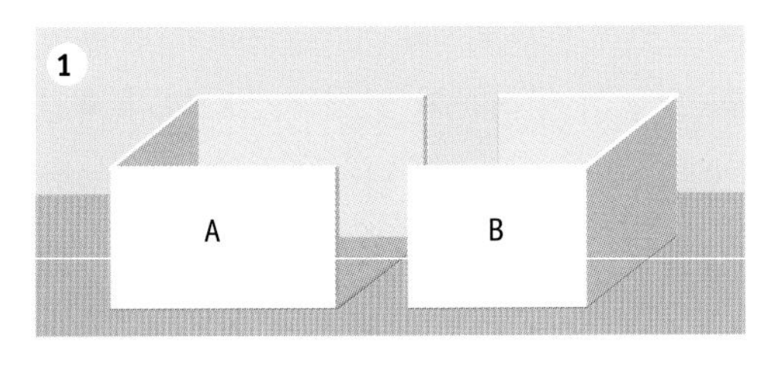

1단계
상자의 밑 부분을 잘라서 두 개로 만든다. 이때 각각의 크기가 같지 않도록 한다.

2단계
길이가 더 긴 부분의 정면에 지름 2mm의 구멍을 뚫고 그 앞에 확대경을 접착 테이프로 붙인다.

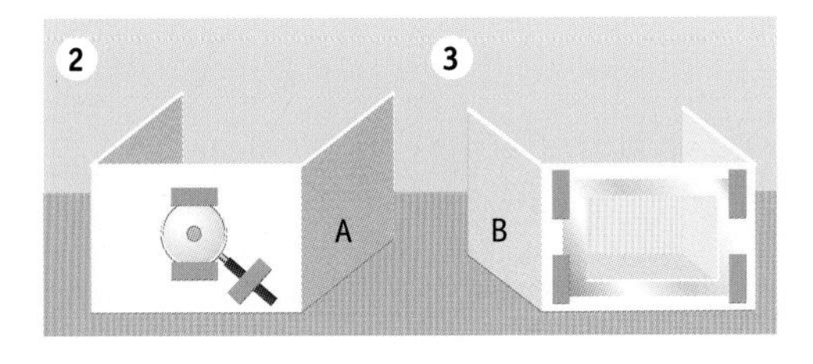

3단계
길이가 더 짧은 부분의 정면에 커다란 창문을 내고 거기에 투사지를

정보상자

카메라의 역사

조리개를 통해 물체의 그림을 보는 방법은 16세기에 이미 개발되었다. 그 당시에 이 장치의 이름은 '카메라 옵스큐라' ('암실' 이라는 의미의 라틴어에서 유래)였다. 당시에는 물론 사진을 저장하는 기술이 없었다. 최초의 사진기는 1826년 프랑스의 발명가 조지프 니에프스에 의해 발명되었다. 그는 빛에 민감한 화학 물질을 코팅한 금속판을 카메라 옵스큐라 안에서 약 8초 동안 노출시켰다. 이러한 방법은 1837년 프랑스의 루이 다게르에 의해 개선되었다. 1839년에는 영국의 윌리엄 폭스 톨벗이 네거티브 사진기를 발명했다. 네거티브 필름에서는 명암이 정반대가 되었다. 이러한 네거티브 필름 덕분에 사진을 마음대로 인화하는 일이 가능해졌다. 이 원리는 오늘날에도 통용되고 있다.

붙인다.

4단계

이 부분을 확대경이 달린 부분에 끼운 다음 뚜껑을 덮는다.

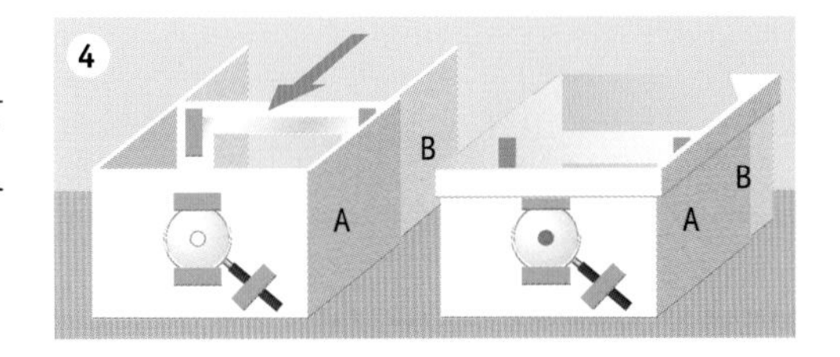

5단계

전체를 고무줄로 묶으면 카메라가 완성된다. 투사지에는 확대경을 통해 암실에 비치는 그림이 나타난다. 이 그림은 물체를 거꾸로 세워

카메라의 원리
빛은 렌즈 시스템을 통해 카메라 안에 모아지고 굴절되어 빛에 민감한 필름에 옮겨진다. 거기에서 빛은 밝기와 색깔에 따라 상이한 반응을 보인다. 이에 따라 필름이 노출된다. 필름은 암실에서 현상 및 인화 과정을 거쳐 사진으로 나타난다.

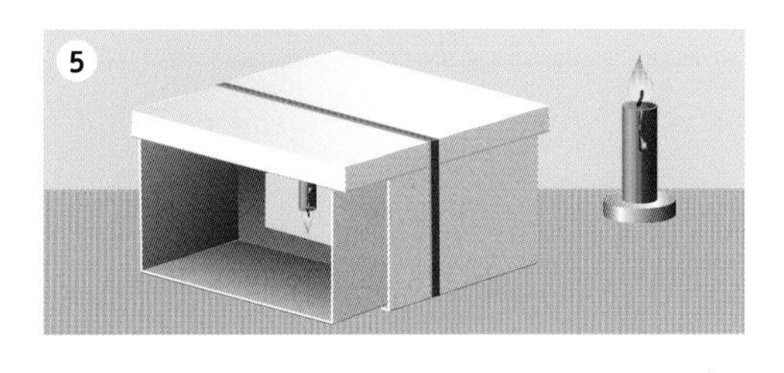

놓은 형태이다.

진짜 카메라에는 물론 뒤편에 창문이 없다. 빛이 완전히 차단된 카메라 박스 내부에는 투사지 대신 빛에 특히 민감한 필름이 자리잡고 있다. 필름의 화학 구조는 노출 정도에 따라 변화한다. 이때 필름에 빛이 너무 많이 들어가서는 안 된다. 과다 노출의 가능성이 있기 때문이다. 그래서 렌즈 앞에 설치되어 짧은 시간 내에 여닫히는 셔터를 통해 빛이 조금만 들어오도록 한다. 빛은 렌즈 시스템을 통해 카메라 안에 모아지고 굴절되어 빛에 민감한 필름에 옮겨진다. 거기에서 빛은 밝기와 색깔에 따라 상이한 화학적 반응을 보인다. 이에 따라 필름이 노출된다. 노출된 네거티브 필름은 암실에서 현상 및 인화 과정을 거쳐 사진으로 나타난다.

마술사가 다음과 같이 말한다. "카메라는 기술 분야의 대단한 묘기입니다. 그래서 저는 카메라를 마술 공연에 적극적으로 활용하고 있습니다."

빛의 굴절

마술사는 커다란 유리잔을 책상 위에 올려놓는다. 유리잔의 바닥에는 동전 하나가 놓여 있다.

"신사 숙녀 여러분! 이제 10원 짜리 동전이 사라지는 묘기를 보여 드리겠습니다. 제가 유리잔에 물을 부으면 동전은 여러분의 눈앞에서 사라질 것입니다."

그는 물을 천천히 부은 다음 유리잔의 뚜껑을 덮는다. 동전은 실제로 사라진 것처럼 보인다. 마술사는 얀을 무대로 불러내 유리잔을 이리저리 관찰하도록 한다. 동전은 더 이상 보이지 않는다. 뒤이어 마술사는 빨대가 물 속에서 구부러지는 또 다른 묘기를 보여준다. 이 두 묘기는 집에서도 따라할 수 있다.

물의 마력

사라진 동전

이 묘기는 다음과 같은 방법으로 이루어진다. 동전을 유리잔 안에 집어넣는다. 약간 떨어진 위치에서 보면 동전이 유리잔 안에 있는지 또는 유리잔 밑에 있는지 알 수 없다.

유리잔에 물을 부으면 밑바닥에 놓여 있는 동전이 눈에 보이지 않는다.

물이 빨대를 부러뜨린 것처럼 보인다. 이것은 물론 착시 현상이다.

유리잔에 물을 부으면 실제로 측면에서는 동전이 보이지 않는다.

이와는 달리 위에서 바라보면 동전이 보인다. 그 때문에 마술사는 얀을 불러내기 전에 유리잔의 뚜껑을 덮은 것이다.

구부러진 빨대

빨대를 유리잔 안에 집어넣는다. 여기에 물을 부으면 빨대가 수면에 닿는 부분이 부러진 것처럼 보인다.

"이 묘기의 비밀은 빛의 성질에 있습니다. 최소한 이 책을 읽는 독자들은 아시다시피 빛은 일종의 전자기파입니다. 그 유명한 맥스웰의 방정식에서 밝혀졌듯이 빛은 이른바 초당 299,792.458km의 광속으로 퍼져나갑니다. 이러한 수치는 물론 진공 속에서만 적용됩니다. 빛은 공기 · 유리 · 물과 같은 물질을 통과하는 순간 제동이 걸립니다. 빛의 파장과 이러한 물질의 미립자들 사이에 상호 작용이 일어납니다. 그것들은 서로에게 자극을 가합니다. 이를 통해 빛의 파장은 물질의 종류에 따라 방해받는 정도가 다릅니다. 그 크기를 굴절률이라고 합니다. 광속은 물질의 굴절률에 의해 줄어듭니다. 바로 이것이 제 묘기의 비밀입니다. 빛은 저항이 가장 적은 통로를 찾습니다. 빛 스스로 가장 빠른 길을 찾는 것입니다. 그 길은 물론 늘 곧게 뻗어 있지는 않습니다. 겉보기에는 우회하는 듯한 길이 가장 빠른 경우도 때때로 있습니다. 동일한 물질을 통과할 때는 빛 역시 똑같은 모양을 지닙니다. 그러나 재질이 서로 다른 두 물질의 경계면을 통과할 때 빛은 이 물질들의 굴절률에 따라 구부러집니다."

초점과 초점 거리

둥근 유리잔에 물을 부은 다음 구두 상자 안에 놓아두면 모든 것이 더 뚜렷해진다. 이때 광선들은 어떻게 될까? 빛은 물로 인해 굴절되어 유리잔 뒤에서 교차한다. 이 지점을 광선의 초점이라고 한다. 유리잔의 중심으로부터 이 지점까지의 거리가 초점 거리이다.

빛의 굴절

빛의 굴절
구두 상자, 가위, 주머니칼, 손전등, 여러 가지 유리 등을 이용하여 빛의 굴절을 실험해볼 수 있다.

"해양 구조대원으로 활동하던 시절이 생각나는군요." 할아버지가 말한다.

"해양 구조대원 역시 바다에서 사람을 구하려면 가장 빠른 길로 헤엄쳐가야 합니다. 구조대원은 마치 빛과 마찬가지로 가능한 한 빨리 사고 지점에 도달하려고 합니다. 구조대원이 이미 물 속에 있는 경우에는 목표를 향해 똑바로 나아가기만 하면 됩니다. 이와는 달리 구조대원이 해변에 있는 경우에는 헤엄치는 거리를 최대한 줄이기 위해, 해변에서 좀더 먼 거리를 돌아가는 것이 더 좋습니다. 왜냐하면 육지에서 달리는 것이 물에서 헤엄치는 것보다 더 빠르기 때문입니다. 따라서 구조대원의 궤적은 구부러집니다. 이것은 빛이 여러 가지 물질을 통과할 때와 똑같습니다."

"좋은 예를 들어주셔서 정말 감사합니다." 마술사가 말한다.

"빛이 퍼져나갈 때 생기는 방향의 변화를 빛의 굴절이라고 합니다. 물은 공기보다 굴절률이 더 높습니다. 그래서 빛은 물 속에서 꺾입니다. 앞의 공연에서 보았듯이 빨대와 동전의 모습 역시 꺾인 것처럼 보입니다."

물질의 굴절률

(파장이 589나노미터인 노란색의 나트륨 빛)

물질	굴절률
진공	1
공기	1.0003
물(20°)	1.333

얼음	1.309
알콜(20°)	1.36
석영	1.544
유리	1.5~1.8(종류에 따라 다르다)
다이아몬드	2.417

"신사 숙녀 여러분! 물이 담긴 유리잔도 빛을 굴절시킬 뿐만 아니라 심지어는 교차시킬 수도 있다는 사실을 아셨을 것입니다. 이것은 우리의 일상 생활에 광범위하게 영향을 미치고 있습니다. 가령 유리잔을 통해서 옆 사람을 보면 그 이전보다 훨씬 커 보입니다."

여기에서 유리는 확대경 역할을 한다. 이러한 특성은 광학에서 매우 중요하다. 광학에서는 빛을 통과시키는 모든 물질을 렌즈라고 한다. 빛이 들어오거나 나가는 방향 바깥쪽으로 휘어진 렌즈를 볼록렌즈라고 한다. 앞에서 말한 물잔도 일종의 볼록렌즈이다. 이 물잔과 마찬가지로 다른 모든 볼록렌즈는 거기에 비치는 대상을 확대시킨다.

잼 병에 물을 채운 다음 약간 돌리면 병을 통과하는 빛은 굴절된다.

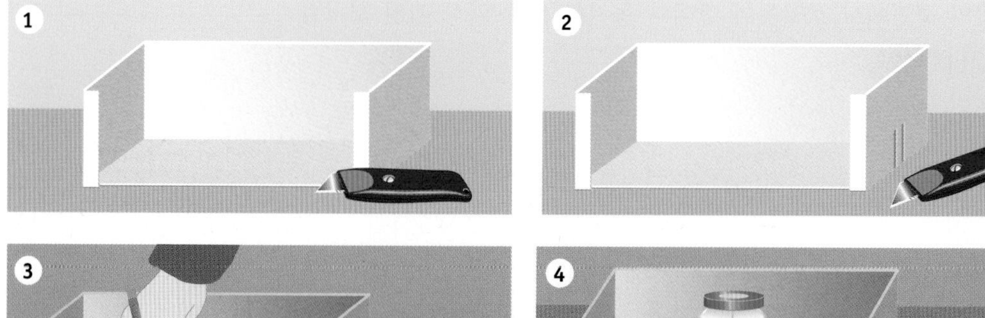

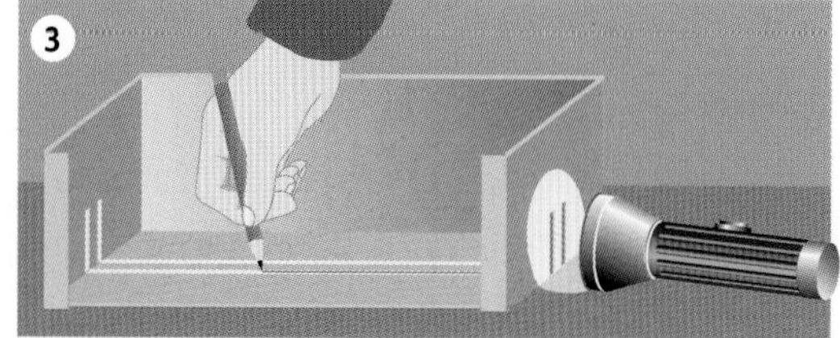

마술상자

빛의 굴절

1단계

구두 상자의 뚜껑을 떼어낸다. 이 뚜껑은 여기에서는 사용하지 않는다.

2단계

구두 상자 바닥의 정면 아랫부분에 수직으로 두 개의 틈을 낸다. 각각의 틈은 가능한 한 1mm 안팎이어야 한다. 이것이 제대로 되지 않을 때에는 훨씬 넓게 잘라낸 다음 양옆에서 딱딱한 판지를 밀어넣는 방법으로 가느다란 틈을 만들 수도 있다.

3단계

실내 공간을 어둡게 한 다음 손전등의 빛이 수직으로 틈새를 통해 상자 안으로 들어가도록 한다. 상자 안에서의 광선의 궤적을 추적해보자. 상자 끝에까지 이르는 그 궤적을 연필로 표시한다.

4단계

예를 들어 잼이 든 병처럼 옆면이 반듯한 유리병을 광선의 궤적 안에 올려놓는다. 이 유리병에 물을 채운 다음 약간씩 병을 돌리면 어떻게 될까?

빛은(해양 구조대원과 마찬가지로) 유리병을 통과하는 거리를 단축시키려고 한다. 따라서 빛은 굴절되어 원래와는 다른 지점에 도달한다. 이것은 아무런 방해가 없을 때의 광선 궤적과 비교하면 더욱 명확해진다.

두 번째 렌즈
두 번째 렌즈를 추가하면 확대 능력이 더 향상된다.

정보상자

볼록렌즈

렌즈는 빛을 투과시키고 상이한 굴절률로 인해 빛의 경로를 변화시키는 물질로 이루어져 있다.

볼록렌즈는 양방향이 바깥쪽으로 굴절되어 있다. 볼록렌즈는 빛을 한 지점, 즉 초점에 모은다. 그 때문에 볼록렌즈는 수렴렌즈라고도 한다.

렌즈의 굴곡이 심할수록 초점은 렌즈 축에 더 가까워진다. 볼록렌즈는 그 안에 들어오는 물체를 확대시킨다. 물체의 크기는 그 테두리에 들어오는 광선과의 각도를 통해 판단한다. 이 각도가 렌즈에 의해 확대됨으로써 물체는 더 크게 나타난다.

오목렌즈

오목렌즈는 빛이 들어오고 나가는 방향 안쪽으로 굴절되어 있다. 따라서 오목렌즈는 볼록렌즈와 정반대이다. 오목렌즈는 빛을 모으는 대신 분산시킨다. 그 때문에 오목렌즈는 산란렌즈라고도 한다.

오목렌즈는 안쪽으로의 굴곡이 심할수록 빛을 더 강하게 분산시킨다. 따라서 오목렌즈는 그 안에 들어오는 물체의 크기를 축소시킨다.

현미경

개별 렌즈의 확대 또는 축소 능력은 제한되어 있다. 따라서 수많은 광학 장비에는 여러 가지 렌즈가 결합되어 있다.

현미경은 두 개의 상이한 볼록렌즈가 앞뒤로 늘어선 형태로 이루어져 있다. 빛은 먼저 강력한 볼록렌즈 위에서 확대된다. 이러한 확대의 결과는 두 번째의 더 커다란(그렇게 강력하지는 않은) 볼록렌즈를 통해 눈에 전달된다. 이 두 번째 렌즈는 첫 번째 렌즈의 초점 뒤에 위치해 있다. 렌즈 사이의 거리가 변하면서 물체의 형태가 더욱 뚜렷해진다. 정상적인 현미경이라면 200나노미터, 즉 0.0002mm의 크기도 눈으로 볼 수 있다.

볼록렌즈와 오목렌즈

안경에는 볼록렌즈뿐만 아니라 오목렌즈도 사용한다. 근시인 경우에는 안경이 축소 기능을 해야 하므로 오목렌즈가 필요하다. 반대로 원시인 경우에는 볼록렌즈가 필요하다.

망원경

망원경은 현미경과 비슷하게 구성되어 있다. 망원경 역시 앞뒤로 늘어선 두 개의 강하고 약한 수렴렌즈로 이루어져 있다. 그럼에도 불구하고 중요한 차이가 있다.

현미경은 매우 작고 동시에 매우 가까운 거리에 있는 사물을 확대하는 특성을 지니고 있다. 이와 달리 망원경은 멀리 떨어진 사물을 확대하는 특성을 지니고 있다. 따라서 망원경의 경우 물체의 모든 광선은 첫 번째의 강한 렌즈에 평행으로 통과하며 더 큰 초점 거리를 필요로 한다. 망원경에서 두 렌즈 사이의 거리가 더 멀고 전체적인 형태가 현미경보다 더 긴 이유가 바로 여기에 있다.

볼록렌즈(위)는 물체를 확대시키고, 오목렌즈(아래)는 물체를 축소시킨다.

빛과 눈

"렌즈의 가장 요긴한 사용처는 눈입니다. 이 기관은 온갖 기적이 일어나는 마술 모자와 같습니다. 이 세상의 그 어떤 카메라도 사람의 눈에 비할 바가 못됩니다. 눈의 작동 원리는 매우 간단합니다. 빛은 카메라의 렌즈에 해당하는 수정체를 통해 눈 내부로 들어옵니다. 수정체의 형태는 그것을 감싸고 있는 반지 모양의 근육인 모양체근을 이용하여 변화시킬 수 있습니다. 이 근육은 우리 몸에서 가장 활동적인 근육입니다. 수정체의 굴곡이 심할수록 가까운 거리의 물체가 더 잘 보입니다. 이때 모양체는 팽팽해집니다. 반대로 수정체가 느슨해지면 먼 거리의 물체가 더 잘 보입니다. 멀리 바라볼 때 모양체는 느슨해집니다.

빛은 눈의 유리체를 통해 퍼져나가다가 망막에 닿습니다. 망막은 빛에 민감한 수많은 시세포들로 이루어져 있습니다. 이것들은 받아들인 빛을 전기적인 신경 충격으로 전환시킬 수 있습니다. 망막에는 대략 1억 2,600만 개의 시세포가 자리잡고 있습니다. 망막의 또 다른 신비는 곧 이어지는 공연에서 보여드리겠습니다. 그때 토끼를 사라지게 만드는 묘기와 함께 눈의 혈관을 보여드리겠습니다. 이밖에도 여러분은 눈이 결코 완전하지 않다는 사실을 알게 될 것입니다."

붉은 눈

눈을 붉은색으로 만드는 묘기는 어두운 곳에서 플래시가 달려 있는 카메라로 인물 사진을 찍으면 간단히 해결된다. 폴라로이드 카메라를 이용하는 것이 가장 빠르다. 대부분의 경우 사진에 나타난 인물의 눈은 붉은색이다. 플래시의 강렬하고 밝은 빛이 눈 안으로 들어와 망막의 혈관이 드러나기 때문이다. 이 혈관으로 인해 눈은 붉은색을 띠게 된다.

고가의 카메라는 눈이 붉은색을 띠는 것을 방지하는 기술을 채택하고 있다. 플래시가 터지기 전에 미리 경고등이 잠깐 켜짐으로써 동공은 밝은 광선에 적응할 시간적 여유를 갖는다. 왜냐하면 동공은 어두운 환경에서 많은 빛이 들어오게 하기 위해 활짝 열려 있었기 때문이다. 첫 번째 불이 켜지자마자 동공은 수축하기 시작한다. 여기에는 약간의 시간이 필요하다. 두 번째 불이 켜지면 눈은 새로운 조명 환경에 적응하게 되고 혈관이 드러나지 않는다.

혼탁한 눈

판지에 작은 구멍을 뚫는다. 이 구멍을 통해 흐릿하게 빛나는 백열전구를 쳐다본다. 정상적인 경우라면 몇 개의 이상한 형상들이 나타난다. 이 형상들은 작은 벌레처럼 보이며 밑으로 천천히 움직인다. 눈을 한 번 깜박이면 이 모든 것이 다시 시작된다.

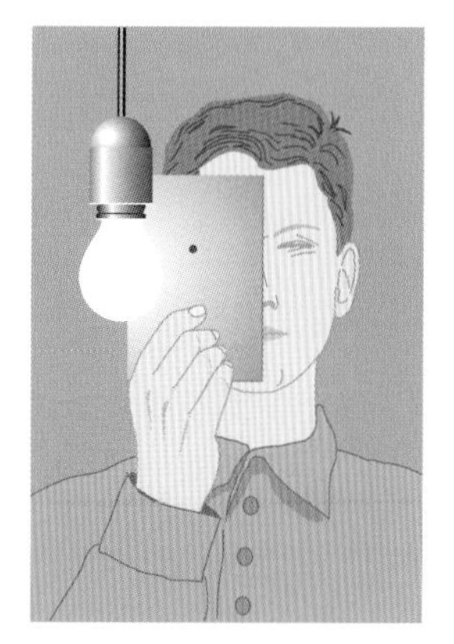

작은 구멍을 통해 한쪽 눈으로 흐릿하게 빛나는 백열전구를 쳐다보면 작은 벌레와 비슷한 이상한 형상들이 나타난다.

이처럼 이상한 형상들이 보이는 이유는 눈물 속에 들어 있는 미세

맹점

토끼를 사라지게 만드는 묘기의 비밀은 맹점에 있다. 망막에 있는 1억 2,600만 개의 시세포들은 시신경을 통해 서로 접속되어 있다. 이러한 '신경케이블'은 망막 어딘가에 맞닿아 있어야 한다. 이 지점에는 물론 시세포가 없다. 따라서 이 지점에서는 그 어떤 형상도 볼 수 없다. 이것이 망막의 맹점이다. 토끼나 나비넥타이의 빛이 맹점에 들어가면 그 형상을 인식할 수 없다.

마술상자

토끼와 맹점

다음 그림을 독서할 때의 거리에서 관찰해보자. 왼쪽 눈을 감고 마술사의 나비넥타이를 응시한다. 눈을 천천히 그림에 접근시키면 토끼가 사라진다.

이 묘기가 단번에 성공하지 않으면 그림을 약간 옆으로 옮긴다. 그림을 다시 눈에서 멀리하면 토끼의 모습이 나타난다.

심지어는 마술사 몸의 절반과 함께 나비넥타이를 사라지게 만들 수도 있다. 그러기 위해서는 오른쪽 눈을 감고 왼쪽 눈으로 토끼를 쳐다본다. 눈을 천천히 그림에 접근시키면 실제로 마술사 몸의 일부가 사라진다.

수리수리마수리!

한 오염 물질 때문이다. 이것은 눈물보다 더 무거워서 항상 밑으로 움직인다. 눈을 옆으로 돌려도 이것을 볼 수 있다. 이 미세한 물질은 이번에는 눈을 따라 수평으로 움직인다.

눈

눈은 파장이 400~800나노미터 사이의 전자기파, 즉 빛을 받아들인다. 그 범위가 좁은 이유는 다른 파장의 빛은 대기를 통과하지 못하기 때문이다. 여기에서 파장이 1mm에서 18m 사이의 광선, 이른바 방사선의 영역은 예외이다. 이 영역의 파장은 너무 높아서 인간이 관심을 갖는 범주 안에서는 충분히 구분되지 않는다.

눈의 작용

눈은 전체 스펙트럼에서 가용할 수 있는 영역을 정확하게 감지한다. 광선이 눈에 들어오면 일종의 기계 장치가 작동한다. 이것은 각막, 안방(眼房), 수정체 등으로 이루어져 있다.

수정체 앞에는 원형의 홍채가 자리잡고 있다. 홍채 한가운데의 구멍이 동공이다. 빛은 이 구멍을 통해 수정체에 도달한다. 빛이 들어오는 양에 따라 홍채가 확대 또는 축소됨으로써 빛의 강도를 조절한다. 수정체의 굴절은 그것을 둘러싸고 있는 모양체에 의해 변화될 수 있다. 이를 통해 임의의 거리에 있는 사물

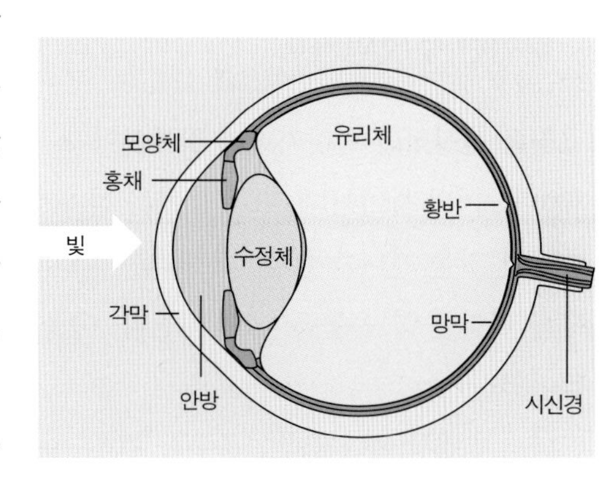

인간 눈의 개괄적인 형태

인간의 망막
인간의 망막은 1억 2,600만 개의 세포로 구성되어 있다. 대략 1억 2,000만 개의 간상체는 밝은 것을 인식하는 특성을 지니며 대략 600만 개의 추상체는 색깔을 구별하는 기능을 한다.

에 초점을 맞추는 일이 가능해진다.

수정체의 굴절에 따라 빛은 눈의 유리체를 통과하여 물구나무서기한 형태로 망막에 복사된다. 이미 언급했듯이 망막은 대략 1억 2,600만 개의 세포로 구성되어 있다. 망막의 물질은 간상체와 추상체로 구분할 수 있다. 대략 1억 2,000만 개의 간상체는 빛에 덜 민감하며 밝은 것을 인식하는 특성을 지니고 있다. 반면에 대략 600만 개의 추상체는 빛에 더 민감하며 색깔을 구별하는 기능을 한다. 시세포는 시각 정보를 전기 충격의 형태로 시신경에 전달한다. 시신경은 망막 앞에 여러 개의 층을 이루고 있으며 시각적인 인상을 미리 가공하는 역할을 한다. 이를 통해 1억 2,600만 개의 엄청난 수의 정보 단위들은 약 80만 개의 자극으로 통합된다. 이것들은 시신경 가닥을 통하여 뇌의 시각 중추에 전달된다. 시신경 가닥은 이른바 맹점에서 망막을 통과한다. 이 지점에서는 사물을 인식할 수 없다.

수백만 년의 세월이 지나면서 눈은 인지 시스템과의 협력을 통해 시각 정보를 최상으로 처리하는 다양한 묘기를 개발했다. 이것은 그 어떤 마술사도 무색하게 만들 정도이다.

빛이란 무엇인가

빛은 가시적인 전자기파의 일부분이다. 이러한 빛의 파장은 400~800나노미터 사이이다. 모든 물체는 전자기파를 방출한다. 물체의 분자들이 열을 지니고 무질서하게 움직이기 때문이다. 물체가 뜨거울수록 이러한 열 운동은 더 빨라진다. 아울러 빛을 내는 에너지도 더 많아진다.

다시 말해서 에너지가 높을수록 주파수도 더 높아지며 파장은 더 작아진다. 일정한 온도가 되면 물체는 뜨거워지면서 가시적인 빛을 만들어낸다. 벌겋게 달구어진 쇠, 촛불의 불꽃, 태양 등이 여기에 속한다.

열에 의한 방출로 생성된 모든 빛은 파장과 방향의 너비가 매우 넓다. 이것은 스파게티가 담긴 그릇과 비교할 수 있다. 스파게티의 국수 가락들은 길이도 다양하고 무질서한 것처럼 보인다. 빛의 또 다른 원천은 네온등에서 보는 것과 같은 가스의 전기적 방전이나 형광과 같은 화학적 반응이다.

레이저

빛의 가장 매혹적인 원천은 레이저이다. 레이저광선은 매우 특별한 성질을 지니고 있다. 레이저광선의 파장은 항상 일정하다. 즉 레이저광선은 단색이다. 이것은 스파게티의 모든 국수 가락들이 같은 길이를 지니고 있는 것과 같다. 이밖에도 레이저광선은 응집성이 강하다. 다시 말해서 방출된 개별적인 파동들은 서로 결합하며 더 이상 헝클어지지 않는다. 이것은 스파게티의 모든 국수 가락들이 한 방향으로 가지런히 놓여 있는 것과 같다. 이러한 특별한 성질로 인하여 레이저광선의 용도는 점점 많아지고 있다.

광속

빛이 어떤 물체에 닿으면 그 안의 전기 분자들이 자극을 받아 운동한다. 이러한 운동은 물체마다 전형적인 모습을 띠며 색깔과 광채를 만들어낸다. 빛은 다른 모든 전자기파와 마찬가지로 앞에서 살펴본 것처럼 진공에서 초속 299,792.458km의 속도로 퍼져나가며, 경이로운 특성들을 지니고 있다. 빛은 때로는 파동처럼, 때로는 입자처럼 움직인다. 물리학에서는 이것을 파동-입자 이중성이라고 한다.

양자 이론
양자 이론은 고체 · 분자 · 원자 · 원자핵 · 미립자에 관한 일반적인 물리학적 법칙들을 발전시키고 설명한다. 양자 이론에서 미시적인 물리학적 현상은 불변이 아니라 시간에 따라 변하는 것으로 이해된다.

빛의 파동 - 입자 이중성

빛은 전기 역학에서 맥스웰의 방정식을 통해 파동으로 설명되는 것과 마찬가지로 입자로 설명될 수 있다. 여기에서 빛은 일정한 양의 에너지만을 운반하는 입자로 나타난다.

이러한 입자를 광자(光子: '빛나다' 라는 의미의 그리스어 'photein' 에서 유래), 그것이 실어나르는 에너지를 양자(量子: '많은' 이라는 의미의 라틴어 'quantum' 에서 유래)라고 한다. 빛의 생성과 수용에 관한 설명은 입자설에 따르며 빛의 전파에 관한 설명은 파동설에 따르는 것이 가장 좋다는 사실이 밝혀졌다.

이러한 표면적인 모순은 대략 1925년부터 생긴 양자 이론에 의해 해결되었다. 양자 이론은 이 두 가지의 설명 방법을 통합하고 있다. 빛은 바지를 살 때 쉽게 결정을 내리지 못하는 손님처럼 움직인다. 이 손님은 마음에 드는 바지 두 벌을 놓고 선택에 애를 먹는다. 그는 결국 바지 두 벌을 사서 기분이 내키는 대로 바꿔 입는다.

거울과 유리를 이용한 마술

"신사 숙녀 여러분! 이번 공연에서는 빛이 모퉁이를 돌 수 있을 만큼 굴절되는 묘기를 보여드리겠습니다. 이 묘기에는 물이 담긴 주전자와 손전등만 있으면 됩니다. 손전등은 비닐로 잘 싸서 방수가 되도록 해야 합니다. 이제 손전등을 주전자에서 물이 떨어지는 부분에 갖다놓겠습니다. 이때 물이 손전등 옆으로 흐르도록 해야 합니다. 이 묘기에는 절대적인 어둠과 안정이 필요합니다. 이제 물을 붓겠습니다. 손전등의 빛이 어떻게 되는지 주시하시기 바랍니다."

물과 빛은 함께 어우러져 주전자에서 흘러내린다. 빛은 물로 인해 '굴절된다'.

굴절된 빛

마술사는 바닥에 있는 평평한 통에 물을 조심스럽게 붓는다. 물줄기는 매우 흐릿하게 보일 뿐이다. 그 대신에 물줄기가 바닥에 닿는 부분에는 밝은 빛이 보인다. 이것은 마치 물과 빛이 함께 어우러져 흘러내는 것처럼 보인다. 실제로 여기에서 빛은 굴절된다.

"그 이유가 뭘까요?" 할아버지가 궁금해 한다.

“아주 간단해요. 처음에는 빛이 물줄기와 평행으로 흘러요. 물줄기가 중력으로 인해 천천히 꺾이는 순간부터 평각에 있던 빛줄기는 물의 표면에 닿게 되지요. 이 묘기는 물이 공기보다 더 높은 굴절률을 지니고 있다는 점에 근거하고 있어요. 따라서 빛은 물의 표면을 통과하여 바깥으로 나가는 일이 거의 불가능하지요. 오히려 평각에 있던 빛은 다시 물줄기 속으로 반사되거든요. 물줄기가 바닥에 도달할 때까지 물의 표면은 빛에 대해서는 감옥의 담장과 같아요. 유리 섬유 케이블과 같은 빛 전도체에도 이와 똑같은 원리가 적용되지요. 유리 섬유 케이블은 이러한 방식으로 레이저광선을 전달하거든요.” 단장이 보충 설명을 한다.

반사

“맞습니다. 이 모든 것은 반사라는 간단한 기본 원리에 기초하고 있습니다. 빛이 들어오는 각은 빛이 나갈 때의 각과 똑같습니다. 빛은 특정한 각도에서 거울 표면에 닿습니다. 빛은 이 표면에 수직으로 비친 다음 똑같은 각도에서 다른 방향으로 반사됩니다. 빛은 당구대에서 튕겨나가는 당구공과 같습니다. 반사에 대한 이러한 지식을 바탕으로 다음 묘기들을 설명하겠습니다.”

잠망경

“거울을 이용하면 모퉁이 안을 볼 수 있습니다. 심지어는 잠수함도 물 속에서 그러한 거울을 사용하여 수면 위를 관찰합니다. 이것은 기다란 철관으로 이루어져 있으며 몇 개의 렌즈와 거울이 장착되어 있

조립상자

잠망경 만들기

재료로는 주머니 거울 두 개, 약간의 판지, 긴 통조림 깡통 두 개가 필요하다.

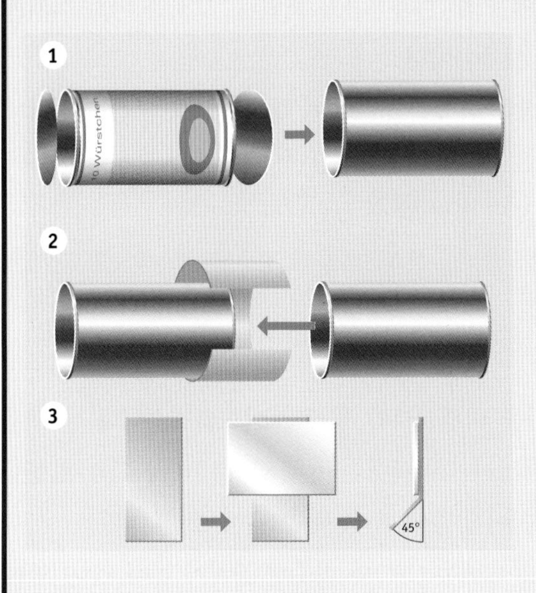

1단계

깡통따개로 깡통의 뚜껑과 바닥을 제거한다. 깡통이 없는 경우에는 판지로 만든 두 개의 관으로 대치할 수 있다.

2단계

판지로 깡통의 한 쪽 끝을 감싼 다음 깡통에 고정시킨다. 이때 판지가 깡통 위로 5cm 정도 나오도록 한다. 다른 깡통을 판지 안에 집어넣고 돌린다.

3단계

작은 판지 두 개에 주머니 거울 두 개를 각각 붙인다. 판지의 튀어나온 부분을 밑으로 구부린 다음 깡통 입구에 고정시킨다. 이때 거울이 관의 축과 가능한 한 45° 각도를 유지하도록 한다.

이 잠망경을 수직으로 세워놓으면 주변의 숨겨진 사물도 관찰할 수 있다. 아래쪽 거울을 들여다보면서 위의 관을 조금씩 돌려보자.

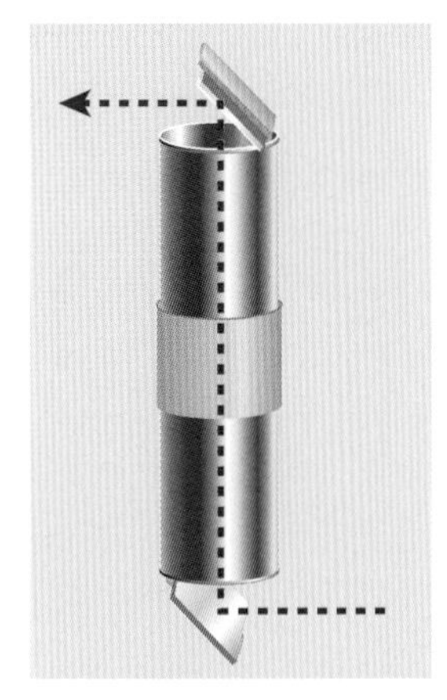

잠망경을 수평으로 한 상태에서 안을 들여다보면 이상한 것을 관찰할 수 있다. 잠망경을 왼쪽 눈에 갖다 대고 잠망경의 다른 쪽 끝을 오른쪽으로 향하게 하면 두 눈에 비치는 시각적인 인상이 교차되어 나타난다. 이것은 마치 왼쪽 눈이 오른쪽 눈보다 훨씬 오른쪽에 있는 듯한 느낌을 준다. 이러한 상태에서는 사물을 바라보는 법을 새로 배워야 한다. 이러한 '안경'을 쓴 첫 주에는 심지어 몸의 균형을 유지하기가 힘들 정도이다.

습니다. 그러한 장비를 잠망경이라고 합니다. 간단한 잠망경을 만들어보았습니다. 이것을 가지고 마술을 부려 무대 위에 빨간 자동차가 나타나도록 해보겠습니다."

마술사는 몇몇 관객에게 한 관을 가리키며 안을 들여다보라고 권한다. 실제로 그 안에는 빨간 자동차가 보인다. 그것은 바로 서커스 단장의 빨간 페라리 자동차이다.

"이 관은 서커스장의 천장을 통과하여 주차장으로 곧장 연결됩니다. 이 묘기의 비밀은 여러분이 직접 집에서 두 개의 거울로 이루어진 잠망경을 만들어보면 금방 알 수 있습니다."

화성인의 착륙

"이번에는 화성인을 비행접시와 함께 보여드리겠습니다. 어두운 무대 위에 방금 비행접시가 착륙했습니다. 열려진 해치 위로 비행접시의 승무원인 화성인이 공중에 떠다니는 모습이 보입니다."

실제로 무대 한가운데에는 UFO와 비슷한 물체가 놓여 있다. 열려진 입구 위로 두 개의 안테나를 단 낯선 형체가 떠다니고 있다.

"이 화성인은 이밖에도 몸체가 없다는 특성을 지니고 있습니다."

마술사는 얀을 무대로 불러 공중에 떠다니는 화성인을 손으로 만져보라고 권한다. 화성인이 분명히 눈앞에 어른거림에도 불구하고 얀의 손은 허공에 허우적거릴 뿐이다.

"믿을 수가 없군요. 도대체 어찌된 일인지 설명해주십시오." 할아버지가 말한다.

"이 묘기는 매우 교묘하게 보이지만 아주 간단합니다. 이제 여러분의 눈앞에서 우주선을 열어보겠습니다."

마술상자

공중에 떠다니는 화성인

1단계

두 개의 오목거울 중 하나를 바닥에 내려놓는다. 이때 거울 면이 위로 향하도록 한다.

2단계

거울 가운데에 초콜릿이나 화성인의 형상, 또는 동전을 올려놓는다. 두 번째 오목거울로 우주선을 덮는다. 이때 거울 면이 아래로 향하도록 한다. 이로써 우주선이 완성된다.

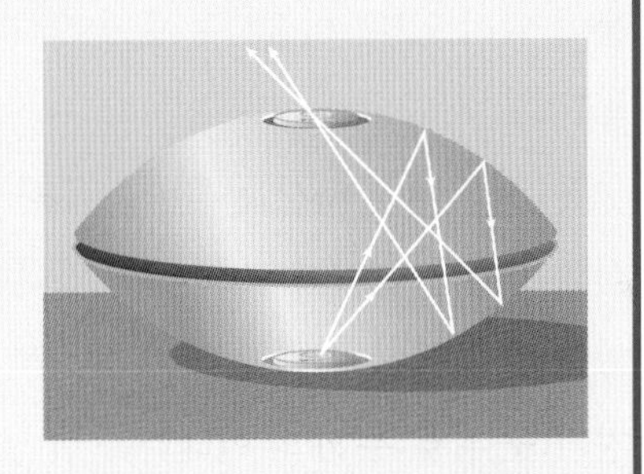

거울의 굴절로 인해 모든 빛줄기들은 위로 방향을 바꾸어 나아가다가 물체에 닿는다.

실제로 초콜릿이나 화성인이 입구 위로 떠다니는 것처럼 보인다. 그러나 그것을 붙잡으려는 손은 허공에 허우적거릴 뿐이다. 이 묘기의 근거는 반사 법칙에 있다. 이상적인 경우라면 물체는 정확히 아래 거울의 초점에 놓여 있다. 이 상태에서 빛줄기는 거울을 통해 위로 비쳐진다. 거울의 굴절로 인하여 모든 빛줄기들은 평행으로 위를 향하게 된다. 그곳에서 빛줄기들은 두 거울의 대칭 때문에 입구 밑에 놓여 있는 물체의 초점으로 방향을 돌린다. 그곳에서 모든 빛줄기들이 만나게 되고 입구를 통해 계속 나아간다. 따라서 물체의 형상은 입구 위에 떠다니는 것처럼 보인다.

'신기루'

이 인상적인 묘기는 '신기루'라는 이름으로 상품화되어 있지만 집에서도 따라해볼 수 있다. 재료로는 자동차의 전조등에 쓰이는 반사경과 같은 오목거울 두 개가 필요하다. 반사경은 다른 오목거울에 비해 이미 한가운데에 원형의 입구를 지니고 있다는 장점이 있다.

마술사가 우주선의 상단부를 들어올리는가 싶더니 어느새 그것을 손에 쥐고 있다. 그것은 하단부와 마찬가지로 거울로 이루어져 있다.

"이것이 묘기의 전부입니다. 그 나머지는 물리학입니다. 신사 숙녀 여러분!"

무한성

여러 개의 모습
온통 거울로 둘러싸인 공간에서는 모든 물체가 여러 개로 보인다. 동전 하나를 들고 그러한 공간에 들어가면 최소한 거기에서는 부자가 된다.

"물론 이 예술품에 상승 효과를 내는 것은 무척 어렵습니다. 하지만 화성인의 착륙보다 더 믿을 수 없는 일이 있습니다. 그것은 바로 이 무대에서 선보일 무한성입니다."

마술사는 커다란 상자를 무대로 가져온다. 그 상자의 한쪽 면에는 문이 달려 있다. 마술사는 문을 열고 빈 내부 공간에 붉은 등을 세워 놓는다.

"이 공간에 들어서는 사람은 무한성을 접하게 됩니다. 사방에서 자신의 모습을 끝없이 보게 될 것입니다. 여기에서는 무성 증식이 필요 없습니다. 동전 하나를 들고 이 공간 속으로 들어가보십시오. 곧 부자가 될 것입니다."

얀이 가장 먼저 이 묘기를 실험한다. 등불이 켜지자마자 실제로 얀의 모습은 여러 개로 나타난다. 이밖에도 등불이 도처에 있는 것처럼 보인다. 얀은 공간 내부가 온통 거울로 이루어져 있다는 것을 알게 된다. 얀은 무한성에 관한 이 묘기를 집에서 따라해보기로 결심한다.

거울과 무한성

두 개의 거울

거울 두 개를 가능한 한 평행으로 서로 맞닿게 한 상태에서 그 사이에 동전 하나를 놓는다.

동전은 두 거울에 동시에 비친다. 동전이 거울에 비칠 때마다 그 에너지의 일부가 상실되기 때문에 거울에 비친 모습은 점점 흐릿해지다가 수많은 거울을 거친 다음에는 보이지 않게 된다.

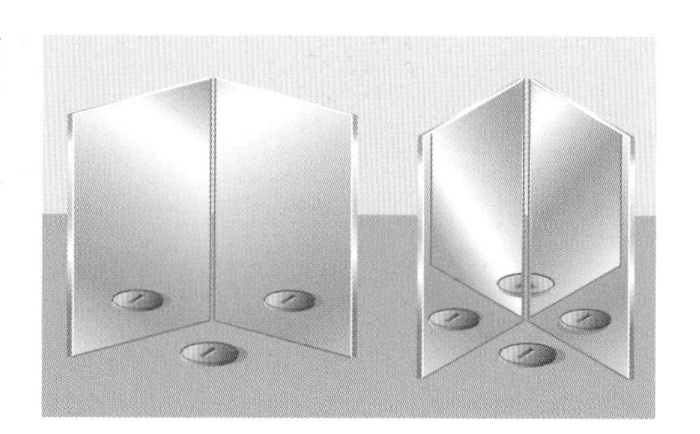

이 묘기는 빛이 두 개 또는 더 많은 거울 사이에서 이리저리 반사되어 비치기 때문에 가능하다.

세 개의 거울

이 묘기에는 고도의 광택을 지닌 그림엽서가 필요하다.

1단계

엽서를 가로로 접어서 삼각 기둥을 만든다. 이때 광택이 있는 면이 안을 향하도록 한다. 엽서를 2.5cm 정도의 너비로 4등분하여 연필로 선을 긋는다. 접

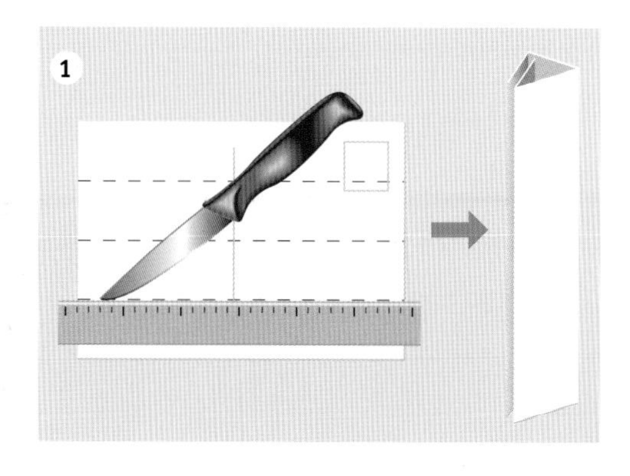

고도의 광택을 지닌 그림엽서를 이용하여 임시 변통의 거울을 만들 수 있다.

을 선을 따라 칼집을 내는 것이 좋다.

2단계

첫 번째 면과 네 번째 면을 붙인다. 삼각 기둥의 한쪽 끝에 투명 랩을 붙인 다음 얇은 흰 종이를 덧붙인다. 투명 랩과 흰 종이 사이에 색깔이 있는 랩이나 색종이 조각을 올려놓는다. 뚫린 입구로 안을 들여다보면 별 모양의 다채로운 형상이 나타난다. 광택이 있는 세 면이 거울 역할을 하면서 색종이의 형상을 다채롭게 하는 것이다. 손으로 엽서를 살짝 두드리면 색종이 형태가 바뀌면서 경이로운 형상을 만들어낸다.

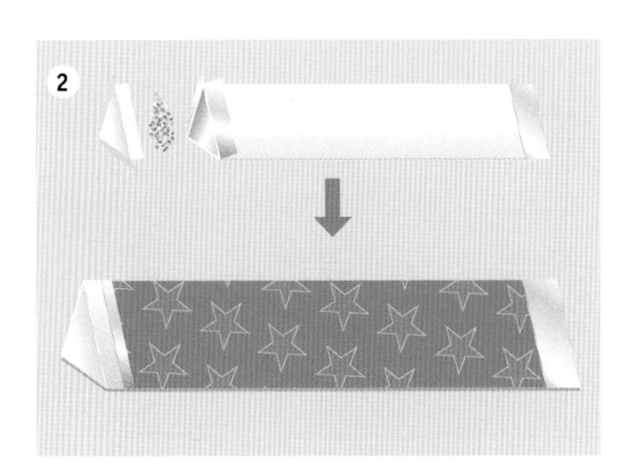

무한대의 공간

마술사가 선보인 무한대의 공간은 여섯 개의 주머니 거울을 이용하여 직접 만들어볼 수 있다.

1단계

거울 다섯 개를 거울 면을 안쪽으로 하여 상자를 만든다. 이것들을 바깥쪽에서 접착 테이프로 고정시킨다.

2단계

마지막 거울은 거울 상자에 문처럼 고정시킨다. 물론 이 거울 면도 안쪽을 향해야 한다.

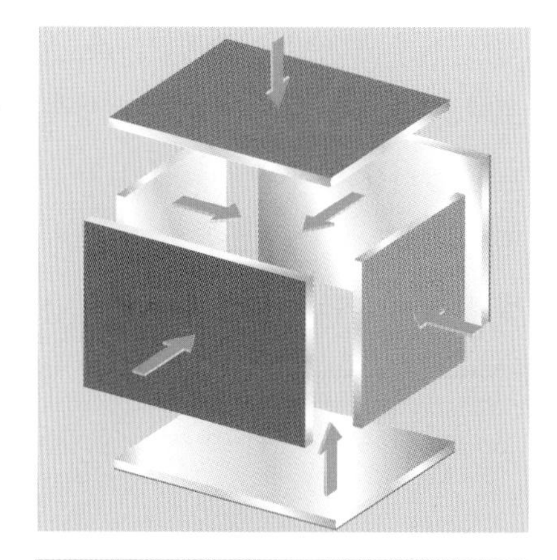

3단계

여러 가지 작은 물체들을 내부에 집어넣은 다음 작은 틈새만 남기고 거울 문을 닫는다. 이 물체들은 어떻게 될까? 작은 백열전구를 틈새에 끼워넣으면 물체들과 전구가 거울에 반사된 모습이 사방에 보인다.

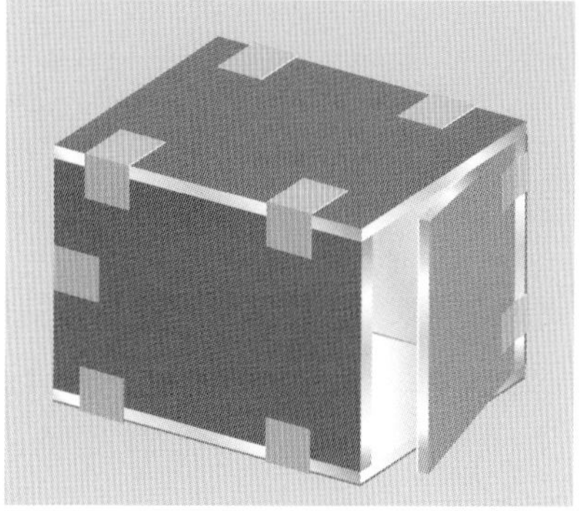

반사된 모습들은 크기와 밝기가 서로 다르다. 즉 물체 뒤에서 어떤 반사가 어느 정도 이루어지느냐에 따라 반사된 모습도 달라진다. 백열전구의 군데군데에 서로 다른 색을 칠하면 그 모습은 더욱 화려해진다.

신기루

"이것은 신기루의 경우와 같아요. 신기루 역시 빛이 반사되는 현상이거든요. 신기루는 어떻게 생겨날까요? 신기루는 정말로 존재하는 것일까요?" 얀이 궁금해 한다.

신기루
이러한 빛의 반사는 예를 들어 심하게 가열되거나 냉각된 사막 또는 물 위에서처럼 공기층의 밀도와 굴절력이 수시로 바뀌는 상황에서 빛줄기의 굴절에 의해 생겨난다.

"신기루는 정말로 존재합니다. 물론 그러기 위해서는 매우 뜨거운 공기가 필요합니다. 이것은 태양에 의해 가열되어 뜨거워진 아스팔트 도로나 사막에서 생겨납니다. 뜨거운 공기는 차가운 공기보다 굴절률이 더 작아서 빛의 속도를 더 높여주는 역할을 합니다. 따라서 빛은 낮게 깔려 있는 뜨거운 공기층을 우회할 수 있습니다. 실질적으로 뜨거운 공기층은 좁기 때문에 빛은 그 공기층 위에서는 정상적으로 나아갑니다. 그런 이유로 신기루의 물체는 이중으로 보입니다. 즉 정상적인 빛과 그 아래의 뜨거운 공기를 통과하는 빛을 보는 셈입니다. 이것은 마치 오아시스가 관찰자와 빛이 반사되는 물체 사이에 있는 것처럼 보입니다."

사막에서의 신기루:이 낙타들은 단지 빛의 반사일까, 아니면 현실일까?

"주목해주십시오, 신사 숙녀 여러분! 묘기는 이제 좀더 교묘해지고 깊은 인상을 줄 것입니다. 지금부터 이용하려는 물질은 빛을 반사할 뿐만 아니라 통과하기 때문입니다. 빛이 얼마나 많이 반사하고 통과할지는 유리의 굴절률과 빛의 각도에 달려 있습니다. 굴절과 반사의 혼합을 통하여 기이한 형상이 만들어질 수 있습니다."

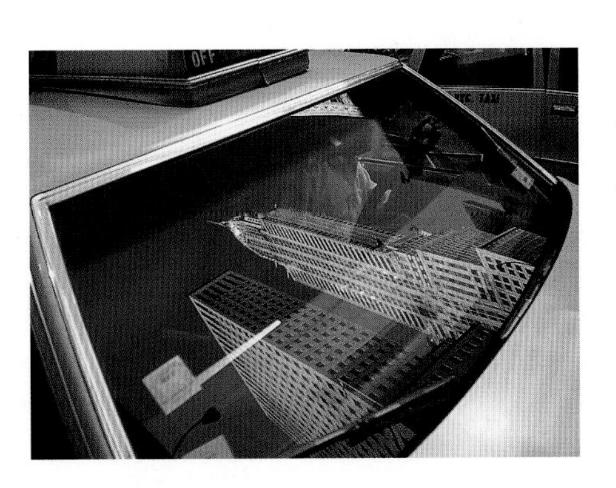

사람의 인지 시스템은 어느 정도의 시간이 지난 다음에야 이 그림의 정체를 알아낸다. 이것은 자동차 창문에 비친 고층 빌딩의 모습이다.

세계에서 가장 유명한 묘기

"이제 여러분께 저의 걸작을 보여드리겠습니다. 국수가 갑자기 나타났다가 다시 사라지는 묘기입니다." 마술사가 외친다.

국수라는 말에 고양이가 귀를 쫑긋 세운다. 고양이는 국수가 사라지는 일이 그리 대단한 묘기는 아니라고 생각한다. 고양이도 마술사처럼 국수를 사라지게 만들 수 있다. 이를테면 자신의 위장 속으로.

하지만 마술사는 빈 국수 그릇이 들어 있는 상자를 무대 위로 가져온다.

유리판 묘기
유리판을 이용하여 매혹적인 예술을 보여줄 수 있다. 이를 통해 국수를 나타나게 했다가 다시 사라지게 만드는가 하면, 양초가 물 속에서 타오르게 하거나, 사람을 공중에 뜨게 할 수도 있다.

국수를 불러내는 마술

상자 앞에서 마술사가 커다란 몸짓과 함께 "호쿠스포쿠스!"라고 주문을 왼다. 그때 갑자기 요리된 국수가 관객들의 눈앞에 나타난다. "놀랍군요. 이 국수를 다시 사라지게 만들 수 있단 말이지요?" 단장이 묻는다. 고양이는 못마땅한 표정이다. 마술사는 그 일마저 간단하게 해치운다. 모든 것은 상당히 간단한 묘기처럼 보인다. 그러나 마술사가 이번에는 그 비밀을 가르쳐주지 않는다. 그 대신에 마술사는 다음과 같이 말한다.

"이 묘기는 많은 돈을 주고 배운 것이어서 알려드릴 수가 없습니다. 이밖에도 무지가 모든 모험의 어머니입니다. 누구나 집에서 유리판을 이용하여 이와 비슷한 묘기를 익힐 수 있습니다. 심지어는 사람을 공중에 뜨게 할 수도 있습니다."

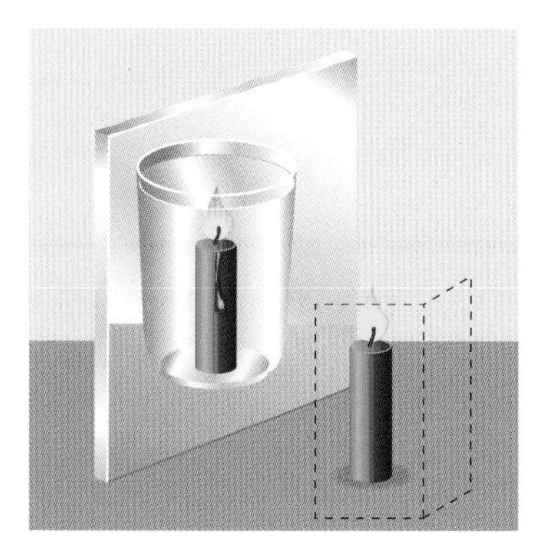

양초가 물 속에서 타오른다. 그 비밀은 마술상자 안에 들어 있다.

마술상자

유리판을 이용한 마술

이 묘기에는 양초 두 개, 유리판, 물잔 등이 필요하다.

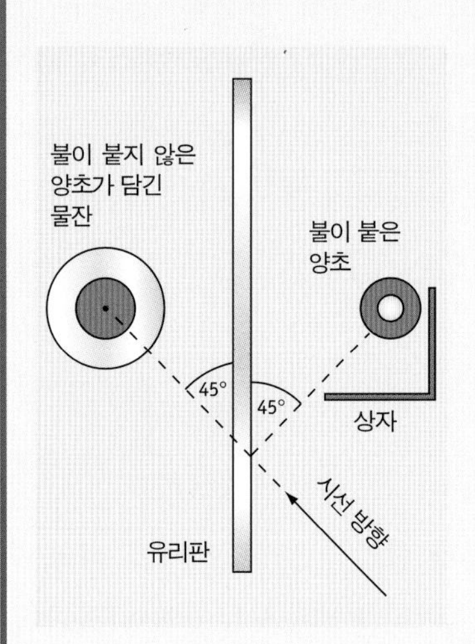

1단계

빈 물잔 안에 촛농을 떨어뜨려 양초 하나를 고정시킨다. 이때 물잔이 양초보다 더 높아야 한다.

2단계

두 번째 양초를 첫 번째 양초에서 20cm 떨어진 지점에 세워놓은 다음 불을 붙인다.

3단계

두 양초 사이의 가운데에 유리판을 세로로 세운다. 유리판이 넘어지지 않도록 조심해야 한다.

4단계

두꺼운 책이나 벽돌 같은 무거운 물체를 이용하여 유리판을 고정시킨다. 유리판은 두 양초 사이의 연결선과 정확히 수직을 이루어야 한다. 이를 위해 물잔을 움직여 물잔 속의 양초의 영상이 다른 양초와 일치되도록 한다.

이로써 묘기의 공연 준비가 완료된다. 물잔 속의 양초를 유리판을 통해 45° 각도 이하로 바라보면 그 양초에 마치 불이 붙은 것처럼 보인다. 묘미를 배가시키기 위해 불이 붙은 양초를 상자로 가린다. 또 잔에 물을 붓고 불이 물 속에서도 타오를 수 있다는 사실을 주위 사람들에게 이야기해준다. 실제로 잔에 물이 가득 담긴 경우에도 양초는 여전히 타고 있는 것처럼 보인다.

국수와 공중에 뜨는 사람

여기에서는 국수를 불러내는 마술의 비밀이 밝혀진다. 이것은 유리판을 이용하여 물속에서 양초가 타게 만드는 마술과 똑같은 원리이다. 이번에는 양초 대신에 빈 국수 그릇과 요리된 국수가 담긴 그릇이 필요하다. 이 묘기는 두 개의 전원을 통해 이루어진다. 두 전원을 조작함으로써 두 물체의 영상이 바뀐다.

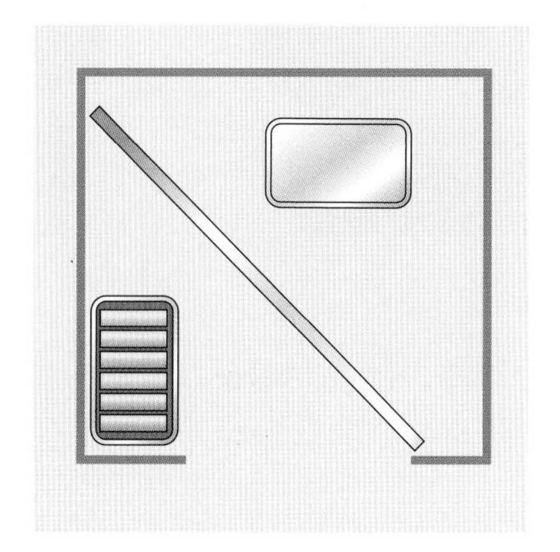

국수 위에 비치는 빛이 밝을수록 국수는 더 뚜렷하게 보인다. 이에 따라 여러 가지 주문을 외며 자유자재로 마술을 부릴 수 있다.

아마도 세계에서 가장 유명한 마술, 즉 사람을 공중에 뜨게 만드는 마술도 이와 비슷한 원리에 근거하고 있다. 유리판의 한쪽 면에 한 사람이 검게 칠한 상자 위에 누워 있다. 이 상자는 교묘한 조명 기술로 인해 눈에 보이지 않는다. 이 사람이 '정말' 공중에 떠 있다는 것을 증명하기 위해 마술사는 다른 쪽 면에 서서 커다란 고리로 그 사람의 몸을 통과시킨다. 그 고리는 공중에 떠 있는 사람의 뒤편에서 빛이 반사되지 않도록 안쪽이 검은색이어

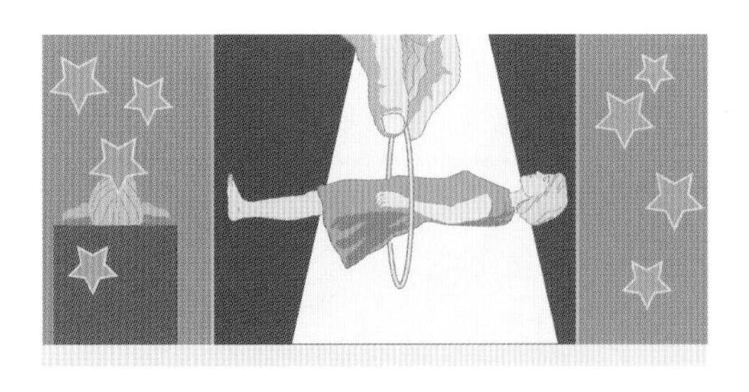

이 사람은 정말로 공중에 떠 있을까, 아니면 모든 것이 눈속임에 불과한 것일까?

야 한다.

"이제 여러분께 유리판을 이용한 매우 유용한 묘기를 보여드리겠습니다. 이 묘기를 활용하면 재능이 없는 예술가도 훌륭한 그림을 그릴 수 있습니다. 준비물이라고는 종이 한 장과 연필, 그리고 유리판밖에 없습니다. 저는 예술적인 재능이 전혀 없지만 여러분의 눈앞에서 서커스 단장의 고양이를 멋지게 그려보겠습니다."

재능이 없는 예술가도 유리판을 이용하여 짧은 시간 내에 정확한 초상화를 완성할 수 있다.

마술사는 고양이를 들어다가 책상 위에 올려놓는다. 그는 비스듬히 앞으로 들어올린 유리판을 통해 고양이를 바라본다. 동시에 그는 흰 종이에 비친 고양이 형상을 본다. 그는 고양이가 흰 종이 위의 형상과 일치되도록 유리판의 위치를 조절한 후 그림을 그리기 시작한다.

유리판을 이용한 마술

유리판 묘기를 이용하면 예술적 재능이 없다 할지라도 사물이나 인물을(여기서는 고양이를) 정확하게 그릴 수 있다. 비스듬히 놓인 유리판에 비치는 물체의 형상 때문이다.

잿빛 일상에서의 색깔

"이번에는 무지개의 아름다운 색깔을 보여드리겠습니다. 여기에 필요한 것은 거울, 햇빛, 약간의 물뿐입니다.(마술상자 참조)"

금언
하와이에서 두 번째로 큰 섬인 마우이에는 '비가 내리지 않으면 무지개도 없다' 라는 금언이 있다.

무지개

무지개의 원리를 처음으로 규명한 사람은 우리에게 다방면으로 알려진 아이작 뉴턴이다(1권 55쪽 참조). 그는 1666년 영국의 어느 시장에서 면이 세 개인 특별한 형태의 유리, 즉 프리즘을 발견했다. 그는 프리즘의 한 면에 들어온 하얀색의 햇빛이 다른 쪽 끝에서는 다양한 색깔로 변하는 모습에 매료되었다. 뉴턴은 햇빛이 이러한 색깔들의 총체라고 생각했다. 문득 이것이야말로 전례가 없는 '가장 경이로운 발견' 이 될지도 모른다는 예감이 들었다. 그는 이러한 추측을 첫 번째 프리즘에 나타난 색깔의 스펙트럼을 두 번째 프리즘을 이용하여 다시 하얀빛으로 환원시킴으로써 증명하였다. 빛이 여러 가지 색깔로 나뉘는 현상은 물질 내에서 빛의 파장에 따라 굴절률이 서로 다르기 때문이다. 빛의 이러한 성질을 '분산' 이라고 한다.

프리즘
광학에서 프리즘은 빛을 통과시키고 굴절시키는 물질로 이루어진 고체로서 최소한 두 개의 면을 지니고 있다. 두 면이 만나는 각을 프리즘각이라고 한다. 프리즘 안으로 들어온 빛 다발은 굴절로 인해 여러 가지 색깔로 나뉜다.

40~42°

프리즘의 색깔들은 170쪽 마술상자에서 살펴볼 물 속 거울의 색깔들과 일치한다. 물은 말하자면 프리즘과 같은 역할을 한다. 무지개의

마술상자

거울에 비친 무지개

1단계

그릇에 물을 채운 다음 거울을 비스듬한 각도로 그 안에 집어넣는다.

2단계

거울 앞에 종이 한 장을 들고서 무지개가 그 위에 나타날 때까지 이리저리 움직인다.

이 실험에서는 거울의 경사가 중요하다. 무지개가 생기는 이유는 물로 인한 빛의 굴절 때문이다. 햇빛은 다양한 파장들을 지닌 파동들의 혼합물로 이루어져 있다. 파장이 다르면 빛의 색깔도 다르다. 물의 굴절률은 색깔마다 다르다. 따라서 물 속에서 빛의 속도는 파장에 따라 달라진다. 그런 이유로 다양한 색깔들이 생겨난다.

색깔도 이와 같다. 무지개는 햇빛이 공기에 떠다니는 빗방울과 상호작용을 함으로써 생겨난다. 햇빛은 물방울과 만나면 그 안으로 들어가 표면 안쪽에 한 번 비친 다음 다시 빠져나온다. 햇빛이 물방울을 통과하는 과정에서 빛의 분산이 일어난다. 따라서 물방울의 여러 위치에서 다양한 색깔들이 나와 하늘에 무지개를 만들어낸다. 무지개는 지평선을 기준으로 40~42°의 각도에서 볼 수 있다. 파란빛은 40°에서 나타나며 붉은빛은 42°에서 나타난다.

50~53°

빛이 강하고 비가 심하게 내린 경우에는 50~53°의 각도에서 두 번째 무지개를 볼 수 있다. 이 무지개는 빛줄기가 물방울의 안쪽에 반사됨으로써 생겨난다. 따라서 색깔들의 배열은 첫 번째 무지개와 정반대가 된다. 무지개의 스펙트럼은 자연의 다른 형상들과 달리 순수한 색깔로만 이루어져 있기 때문에 매우 진하다. 이것은 색깔을 띠는 빛이 각각 동일한 파장 영역을 지니고 있음을 의미한다. 그러한 색깔을 단색이라고 한다.

"하얀빛에서 색깔들을 만들어내는 묘기는 각각의 색깔이 서로 다르게 굴절한다는 사실에 기초하고 있습니다. 이에 따라 빛의 속도도 각기 다릅니다."

"이것은 빛이 얼마나 멀리까지 쪼개지느냐는 문제와 어떤 관계가 있을까요?" 얀이 놀란 표정으로 묻는다.

"너는 아마도 할아버지가 말한 해양 구조대원의 이야기를 생각하는 모양이구나. 해양 구조대원은 해변에서는 매우 빠르지만 물 속에서는 그다지 빠르지 못해. 목표 지점에 가능한 한 빨리 도달하기 위해서 그는 직선으로 움직이지 않아. 오히려 그는 해변에서 직선 거리

서로 다른 파장
파란빛의 파장은 400나노미터로서 가장 작고, 붉은빛의 파장은 800나노미터로서 가장 크다. 다른 모든 색깔의 파장은 이 두 극단 사이에 있다.

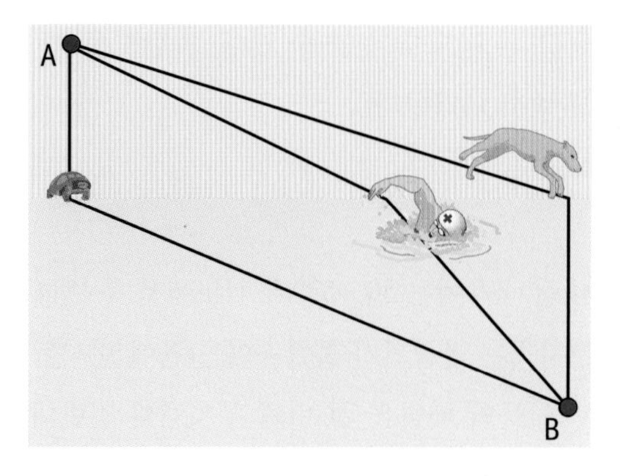

보다 더 많은 거리를 달리게 되는 거야. 따라서 옆의 그림에 나타난 것처럼 그의 전체 궤적은 꺾인 형태가 될 수밖에 없어. 개의 경우에는 그 궤적이 더 심하게 꺾이지. 개는 육지에서 더 빨리 달릴 수 있기 때문이야. 이와 달리 거북이의 궤적은 훨씬 덜 꺾이지. 거북이는 물 속에서보다 해변에서 훨씬 천천히 움직이기 때문이야. 거북이, 구조대원, 개의 궤적이 서로 다른 것은 이를테면 무지개처럼 다양한 속도를 지닌 색깔들이 쪼개지는 것과 비교할 수 있어."

자연의 색깔

"자연에 나타나는 여러 가지 색깔은 어떻게 설명할 수 있을까요? 예를 들어 왜 하늘은 파랗고 석양은 붉은색일까요?" 얀이 궁금해 한다.

마술사는 자신의 공연이 불러일으킨 관심에 대해 기뻐한다.

"그런 질문을 해주어서 고맙구나. 이 질문은 나의 마술과 직접적인 관련이 있단다. 왜냐하면 자연은 가장 훌륭한 마술사로서 갖가지 색깔로 유희를 벌이기 때문이야. 여러 가지 색깔이 나타나는 현상은 빛의 굴절 · 분산 · 산란 등에 기초하고 있어."

하늘과 태양

왜 하늘은 파란색일까

하늘의 파란 색깔은 무엇보다도 영국의 물리학자 존 윌리엄 스트러트 레일리 백작이 발견한 것처럼, 공기 분자에 대한 햇빛의 레일리 산란 현상 때문이다. 햇빛은 공기 분자에 가까워지면 공기 분자가 진동하도록 자극한다. 진동하는 분자는 다시 햇빛을 일정한 방향으로 복사한다. 이에 따라 빛은 일정한 방향으로 굴절된다. 레일리는 1899년 산란의 규모는 각각의 파장에 좌우된다는 사실을 밝혀냈다. 다시 말해서 파장이 작을수록 산란은 더 강력해진다. 이것은 파란빛이 붉은빛보다 더 강력하게 산란한다는 것을 의미한다.

레일리는 누구인가
존 윌리엄 스트러트 레일리 백작(1842~1919)은 캐임브리지와 런던 대학의 교수였으며 고전 물리학의 많은 분야, 무엇보다도 진동 이론, 파동 이론, 음향학 분야 등에서 많은 업적을 남겼다.

하늘은 대기 속에서 햇빛의 산란 때문에 파란빛을 띤다. 산란은 공기 분자의 운동과 이와 관련한 공기 밀도의 편차로 인해 일어난다.

이러한 인식이 하늘의 색깔을 설명하는 열쇠이다. 우리의 눈에 닿는 간접적인 햇빛은 바로 산란 빛이다. 파란색은 가시광선의 스펙트럼 내에서 산란의 정도가 가장 크기 때문에, 우리 눈에 하늘이 파란색으로 보인다. 물론 이것은 순수한 파란색이 아니다. 비록 규모가 작기는 하지만 다른 색깔 요소들도 산란 빛에 포함되어 있기 때문이다.

왜 태양은 낮에 노란색일까

태양의 직접적인 빛은 대기를 통과하면서 산란되지 않는 빛만을 지

태양의 표면 온도는 대략 섭씨 6,000℃에 달한다. 태양 중심의 온도는 섭씨 1,500만~2,000만℃이다.

니고 있다. 파란빛의 산란이 가장 강력하기 때문에 태양은 낮에 그 보색(補色)인 노란색을 띤다.

왜 태양은 저녁에 붉은색일까

직접적인 햇빛은 어스름 속에서는 대기를 통과하는 데 평소보다 더 많은 거리를 가야 한다. 낮처럼 수직으로, 즉 가장 짧은 거리로 대기를 통과하는 대신에 저녁에는 극단적으로 비스듬한 각도로 대기에 닿는다. 따라서 대기를 통과하는 거리가 훨씬 길어져 파란색 이외에도 초록색도 산란된다. 그 때문에 석양에는 붉은빛만이 남아 있다.

태양

우리의 행성 시스템의 중심에 자리잡고 있는 태양은 지구로부터 14억 9,600만km 떨어져 있다. 태양의 반지름은 69만 6,000km에 달한다. 태양의 대기는 수소 75%, 헬륨 23%, 기타 중금속 2%로 이루어져 있다.

초록빛

바다를 항해하는 선원들은 때때로 화려한 초록빛을 보는 경우가 있다. 초록빛은 일몰 직후에 잠깐 동안 환해지는 형태로 나타난다.

이러한 현상은 대기 속의 습도가 매우 낮을 때 일어난다. 지구의 대기는 햇빛에 대해 프리즘과 같은 역할을 한다. 파장이 짧은 빛일수록 파장이 긴 빛보다 더 심하게 굴절된다. 따라서 파란빛이 가장 심하게 위로 방향을 바꾸고 초록색과 노란색이 그 다음이다. 그 정도가 가장 약한 것이 붉은빛이다. 따라서 일몰 후에는 원래 파랗게 빛나야 한다. 그러나 파란빛은 레일리 산란 현상에 의하여 이미 산란되고 없기 때문에 초록색이 그 자리를 대신한다. 이 초록색은 독특한 색조를 띨 뿐만 아니라 밀도가 매우 높지만 단지 몇 초 동안만 나타난다. 극지방에 가까워질수록 석양과 초록빛을 보는 시간이 더 길어진다.

리처드 바이르츠가 이끈 남극 탐험대의 대원들은 이 초록빛을 35분 동안이나 보았다고 한다. 이때 태양은 일몰 과정에서 지평선 아래에 위치해 있었다.

바이르츠는 누구인가
미국의 해군 제독이자 탐험가였던 리처드 에블린 바이르츠(1888~1957)는 1929년 처음으로 남극을 횡단 비행했으며 특히 남극 지방을 탐험하기 위한 수많은 탐험대를 조직했다.

눈은 색깔을 구별한다

"우리 눈은 어떻게 이 모든 색깔들을 구별할 수 있을까요?" 할아버지가 궁금해 한다.

"그 질문은 영국의 의사 토머스 영도 제기했던 것입니다. 그의 관찰에 의하면 눈의 망막에는 자리가 부족했습니다. 사물을 뚜렷이 보는 데에만도 각각 2마이크로미터의 너비를 지닌 1억 개의 시세포가 필요합니다. 그렇다면 어떻게 여러 가지 색깔을 구별할 수 있을까요? 인간은 최소한 150가지의 색깔을 구별할 수 있습니다. 이 문제의 해결책은 다음 공연에서 보여드리겠습니다. 이를 위해 세 대의 환등기와 영사막을 준비했습니다. 각각의 환등기는 한 가지 색을 영사막에 비칠 것입니다. 그럼에도 불구하고 무지개색을 비롯하여 더 많은 색깔들을 만들어내는 데는 이 환등기 세 대만으로 충분합니다."

700만 개의 색깔
빛의 삼원색(파란색 · 빨간색 · 초록색) 이론은 영국의 자연 연구가이자 의사인 토머스 영(1773~1829)의 업적이다.

삼원색 이론

세 가지 색으로 무지개색을 비롯하여 더 많은 색깔들을 만들어낼 수 있다. 세 개의 기본색, 즉 빨간색 · 초록색 · 파란색을 환등기 세 대로 비쳐보자. 이때 환등기는 조명과 밝기를 마음대로 조절할 수 있

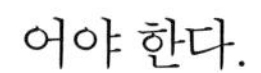

어야 한다.

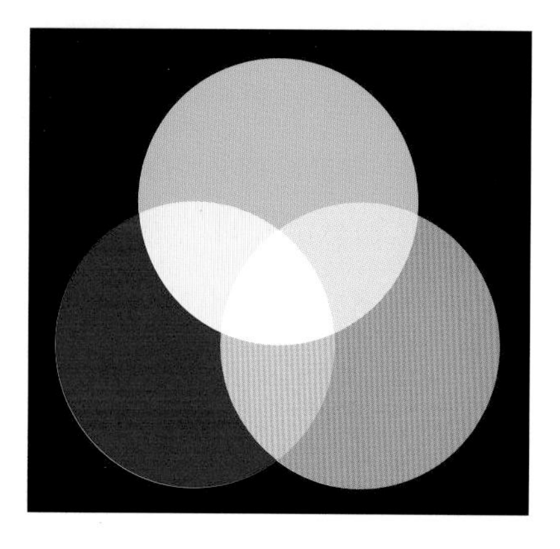

환등기로 비치는 빛의 색깔들을 겹치게 하면 단색인 때보다 더 밝아진다. 또 빛의 집약성도 누적된다. 이것을 첨색(添色) 현상이라고 한다. 빨간색과 초록색이 합쳐져서 노란색이 된다. 초록색과 파란색이 합쳐지면 담청색을 띠고, 파란색과 빨간색이 합쳐지면 보라색이 된다. 빨간색 · 초록색 · 파란색이 합쳐지면 흰색이 된다. 다른 모든 색조도 환등기의 밝기를 변화시켜 만들 수 있다. 따라서 눈에 보이는 모든 색조를 나타내는 데는 세 가지 기본 색만 있으면 충분하다.

첨색 현상
예를 들어 여러 대의 환등기에서 비치는 빛의 색깔들이 혼합되면서 그 집약성이 누적된다.
빨간색 + 초록색 = 노란색,
초록색 + 파란색 = 담청색,
파란색 + 빨간색 = 보라색,
빨간색 + 초록색 + 파란색 = 흰색 등등.
다른 모든 색조도 환등기의 밝기를 변화시켜 만들 수 있다.

빨간색 · 초록색 · 파란색

토머스 영은 이러한 발견으로부터 올바른 결론을 이끌어냈다. 그 출발점은 자연이 최적의 조건을 찾는 한편으로 가능한 한 적은 수의 색시세포로 꾸려나가고 있다는 점이었다. 이러한 최적의 수가 셋이다. 토머스 영은 망막의 각 지점에는 빨간색 · 초록색 · 파란색에 반응하며 빛에 민감한 세 개의 시세포가 자리잡고 있다고 주장하였다. 1852

년 헤르만 폰 헬름홀츠에 의해 확장된 이 이론을 색에 관한 '영-헬름홀츠 이론' 이라고 한다.

이 이론은 1959년 현미경을 이용한 방법을 통해 최종적으로 증명되었다. 망막에는 실제로 이 세 종류의 색 시세포, 즉 빨간색 · 초록색 · 파란색에 가장 민감한 이른바 추상체가 존재한다는 사실이 밝혀졌다. 망막에는 총 600만 개의 추상체가 존재한다. 이것들이 여러 가지 색의 강도를 시각 중추에 전달한다. 시각 중추는 이러한 값들을 첨가함으로써 전체적인 색의 인상을 계산해낸다. 이러한 과정을 통해 무지개색 이외에도 더 많은 색이 만들어진다.

색을 인지하는 우리 능력은 가시광선 범주에서 가장 잘 발휘된다. 이때 세 가지의 기본색은 120°의 각도로 삼각형을 이룬다. 한 가지 색과 직접 마주보는 색을 보색이라고 한다. 삼원색 이론은 텔레비전 수상기와 컴퓨터 모니터에도 사용된다. 여기에서도 빨간색 · 초록색 · 파란색을 바탕으로 여러 가지 색을 만들어낸다.

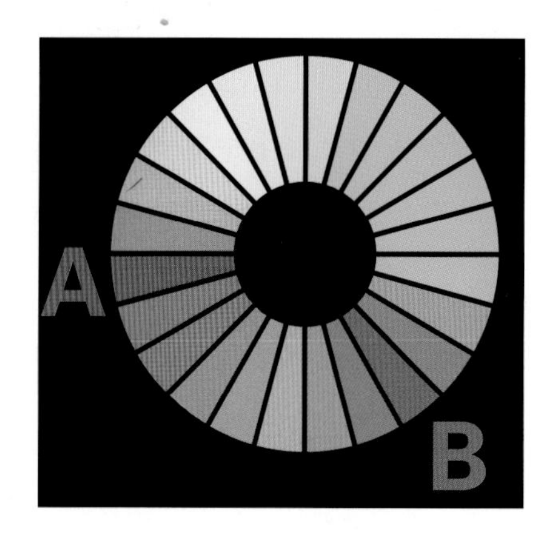

망막의 각 지점에는 각각 빨간색 · 초록색 · 파란색에 반응하며 빛에 민감한 세 개의 시세포가 자리잡고 있다.

감색 현상

"왜 물감은 빛과 다른 색 혼합을 만들어낼까요?" 얀이 궁금해 한다. "예를 들어 노란색 물감에 파란색을 섞으면 초록색이 되고 말아요. 그 이유를 모르겠어요."

"매우 좋은 질문이다. 그 차이는 빛 대신에 안료들이 혼합되는 데

감색 현상
감색 현상은 첨색 현상을 통해 설명할 수 있다(176쪽 참조). 어떤 물체의 색깔은 그 물체에 의해 반사된 색깔에 의해 결정된다.

에 있단다. 빛의 첨색 현상과는 정반대인 이러한 혼합을 감색(減色) 현상이라고 하지. 초록색과 흰색을 혼합한 결과는 매우 다양함에도 불구하고 감색 현상은 첨색 현상을 통해 설명할 수 있어. 어떤 물체의 색깔은 그 물체에 의해 반사된 색깔에 의해 결정되고 나머지 색깔들은 안료가 흡수해. 안료는 말하자면 보색을 흡수하지. 따라서 두 가지 안료를 혼합하면 그 두 안료의 보색들을 흡수하는 거야."

"예를 들어 파란색과 노란색을 혼합하면 어떻게 될까요?" 얀이 보충 질문을 한다.

"파란색의 안료는 빛에서 노란색과 빨간색을 흡수하고, 노란색의 안료는 빛에서 파란색을 흡수해. 따라서 두 안료에 의해 부분적으로만 흡수된 초록색만 남게 되지. 이 초록색이 반사되는 거야. 그 때문에 이 두 안료의 혼합은 감색 이론에 따라 초록색을 만들어내지. 감색 현상은 안료의 흡수된 색깔들의 첨색 현상에서 생겨난 거야. 남아 있는 색은 감색 현상을 통해 만들어진 새로운 색이야.

빛의 운동

마술사는 아직 공연을 끝내지 않았다. 오히려 정반대이다. 그는 다음과 같이 예고한다. "이처럼 조용한 공연과 설명 이외에 운동을 하는 어떤 것이 여러분을 기다리고 있습니다. 이번에는 운동을 통하여 어떻게 임의의 색깔을 만들어내고 변화시킬 수 있는지를 보여드리겠습니다. 가장 간단한 것부터 시작하겠습니다. 여기 이 원판에 그려놓은 모든 색들이 사라지게 만들어보겠습니다."

사라진 색깔

마술사는 여러 가지 색들이 칠해진 커다란 원판을 보여준다. 그가 원판을 세차게 돌리자마자 색들이 사라진다. 원래의 색은 없어지고 밝은 회색이 보일 뿐이다.

이러한 실험은 집에서도 따라해볼 수 있다(180쪽 마술상자 참조).

색과 보색

"이번에는 운동을 통해 어떤 색의 보색을 만들어보겠습니다. 가령 백열전구의 붉은색을 보색인 담청색으로 바꾸어보겠습니다." 마술사가 붉게 빛나는 전구를 보여준다.

"이 묘기는 흰 면과 검은 면 이외에 약간의 여백이 있는 마술 원판

마술상자

색을 사라지게 만들기

1단계

지름 10cm 정도의 원을 판지에서 오려낸다.

2단계

원을 3등분 한 다음 각 부분에 기본색인 빨간색 · 초록색 · 파란색을 칠한다.

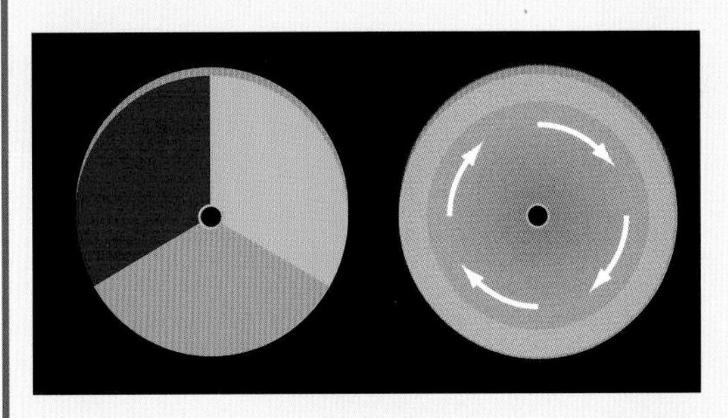

3단계

원의 중심에 뾰족한 연필을 밑에서 꽂은 다음 세차게 돌린다.

원래의 색들은 사라지고 은회색 빛이 생겨난다. 눈은 높은 회전 속도로 인하여 색들을 개별적으로 인식하지 못한다. 여기에서 첨색 현상이 나타난다.

4단계

원을 더 많은 부분으로 나눈 다음 각 부분에 서로 다른 색을 칠하면 효과가 더 두드러진다. 물론 순수한 흰색을 얻기는 힘들다. 안료의 기본색은 순수한 단색이 아니기 때문이다. 어쨌든 이러한 방법을 통해 모든 임의의 다른 색들을 혼합할 수 있다.

을 돌려서 보여드리겠습니다."

마술사는 전구 앞에 원판을 세운 다음 빠르게 회전시킨다. 실제로 붉은 백열전구가 담청색으로 나타난다. 이 묘기는 집에서 따라해볼 수 있다.

비드웰의 원판

1단계

지름 10cm 정도의 원을 판지에서 오려낸 다음 흰 종이를 붙인다.

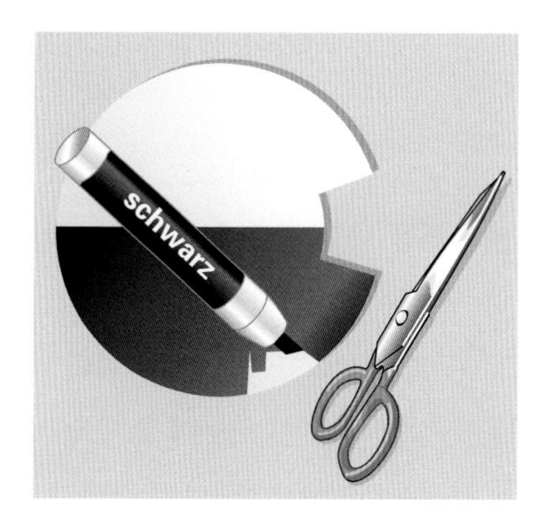

2단계

원의 오른쪽에서 길이 3cm, 너비 2cm의 부분을 잘라낸다.

이 실험이 성공하기 위해서는 아랫부분에 검은색을 짙게 칠해야 한다.

3단계

잘라낸 여백의 한가운데에서 시작하여 원의 중심을 거쳐 다른 쪽 끝까지 선을 긋고 이 선의 아랫부분에 검은색을 칠한다.

4단계

원의 중심에 뾰족한 연필을 꽂는다. 이 원판을, 바탕색을 쳐다봤을 때 시계 방향으로 세차게(초당 여러 번) 돌린다.

5단계

회전수와 회전 방향이 제대로 맞으면 바탕색의 보색이 나타난다. 이러한 원판을 그 발견자의 이름을 따서 비드웰의 원판이라고 한다.

바탕색이 더 밝게 빛난다
바탕색이 원판보다 더 밝게 빛나면 비드웰의 원판 묘기는 성공한 것이다.

이 묘기는 바탕색이 원판보다 더 밝게 빛나면 성공한 것이다. 이 원판을 시계 반대 방향으로 돌릴 경우에는 원판에 원래의 바탕색이 나타난다.

이 묘기는 어떻게 가능할까

이 묘기는 시간이 색깔을 인지하는 데 종속변수라는 점에 기초하고 있다.

바탕색이 빨간색이라고 가정해보자. 원판의 여백으로 인해 시선이 빨간색을 향할 때마다 망막에서 빨간색을 담당하는 시세포가 작동한다. 원판이 계속 회전하면 이 시세포는 휴식을 취한다. 시세포는 새로운 빨간 색소를 구축하기 위해 약간의 시간을 필요로 한다. 그 때문에 잠깐 동안 흰 바탕이 보색을 띠게 된다.

이것은 고정된 상태의 빨간색의 평면에서도 실험해볼 수 있다. 가령 빨간색의 평면을 가까운 거리에서 한쪽 눈으로만 45초 정도 바라본 다음에 흰 벽면을 두 눈으로 쳐다본다. 그 차이는 깜짝 놀랄 정도이다. 빨간색을 쳐다본 눈에는 흰 벽면이 그 보색인 담청색으로 나타난다.

원판을 시계 방향으로 돌리면 빨간색 다음에 흰색의 면이 시야에 들어온다. 따라서 한 동안 담청색이 나타난다. 뒤이어 검은색의 면이 시야에 들어온다. 회전 속도가 제대로 맞으면 담청색은 단지 짧은 순간에만 보이는 빨간색보다 더 강하게 나타난다. 원판을 시계 반대 방향으로 돌릴 경우에는 빨간색 다음에 검은색의 면이 시야에 들어온다. 이 경우에는 빨간색을 담당하는 시세포가 원기를 회복할 시간이 충분하다. 흰색의 면이 같은 자리에 올 때까지는 반 바퀴의 회전이 필요하다. 이때는 이미 빨간 색소가 다시 재생된 뒤다. 따라서 원판을 바라보는 눈에는 빨간색이 들어온다.

무에서 창조한 색깔

"신사 숙녀 여러분, 이것보다 더 멋진 묘기가 있습니다. 이번에는 무에서 색깔을 창조해내겠습니다. 이 회전판을 주목해주시기 바랍니다."

마술사는 검은색의 동심원들이 그려진 원판을 돌린다. 원래 검은색과 흰색으로 이루어진 원판에는 실제로 여러 가지 색의 선형들이 나타난다. 관객들의 박수 갈채를 받으며 마술사는 이 원판의 제작에 관해 조언한다(184쪽 마술상자 참조).

"도대체 무엇을 신뢰할 수 있을까요?" 단장이 묻는다.

"색깔은 무에서 생겨나서 다시 사라집니다. 약간만 운동시키면 됩니다. 색깔들은 스스로 운동하지는 않으니까요."

"이것보다 더 쉬운 것도 없습니다." 마술사가 말한다. 관객들은 그의 공연에 매료된다.

다양한 색깔의 고리

마술상자에서 보는 것과 같은 원판을 회전시키면 원래 검은색과 흰색으로 이루어진 원판에 여러 가지 색의 선형이나 고리 모양이 생겨난다. 이러한 색깔의 생성은 원판의 회전 방향과 회전 속도에 좌우된다. 색깔들을 만들어내기 위해서는 전축의 회전 속도 정도면 충분하다.

마술상자

벤험의 원판

1단계

아래의 표본을 확대 복사한 다음 판지에 부착한다.

2단계

원형으로 오려낸 다음 한가운데에 뾰족한 연필을 꽂는다

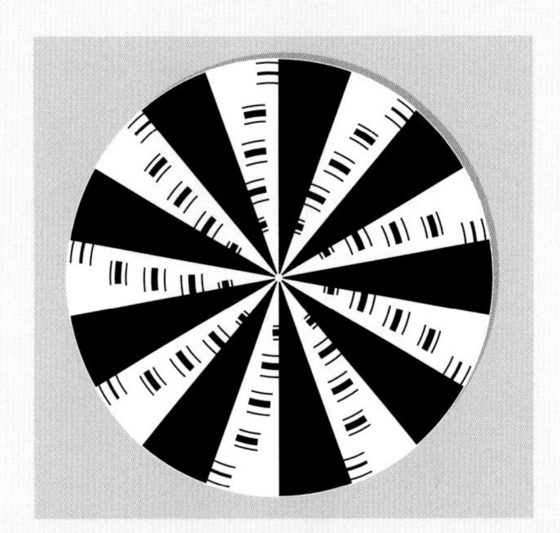

3단계

축을 중심으로 원판을 회전시킨다. 회전 속도와 회전 방향에 따라 예상치 못한 색깔들이 생겨난다.

처음에는 원판의 하얀빛이 모든 추상체를 똑같은 정도로 자극한다. 그러나 빨간색 · 초록색 · 파란색에 대한 추상체의 반응 시간과 자극 시간은 각기 다르다. 그래서 하얀빛은 시간적인 자극 정도에 따라 여러 가지 색깔들로 쪼개진다. 그 결과 그러한 색깔들이 눈에 보이게 된다.

춤추는 색깔들

"이제 여러분에게 그림 안에 들어 있는 개 한 마리가 색깔을 지닌 꼬리를 흔드는 모습을 보여드리겠습니다."

고양이가 즉시 머리털을 곧추세운다. 하지만 고양이는 사건의 전개 양상에 넋을 잃은 탓에 개를 방어할 생각도 하지 못한다. 마술사는 커다란 꼬리를 높이 쳐든 개의 그림을 가져온다. 그는 조명을 약간 어둡게 한 다음 그 그림을 수평으로 조심스럽게 흔든다. 실제로 개가 꼬리를 이리저리 흔드는 모습이 보인다. 마술사가 동작을 멈추자 개의 꼬리도 움직이지 않는다.

"이 묘기로 알파벳까지 춤추게 만들 수 있습니다." 마술사가 말한다. "이 그림에서 무질서하게 놓여 있는 알파벳 가운데 몇 개를 잘 보시기 바랍니다. 제가 이 그림을 흔들면 혼동 속에서 어떤 의미를 지닌 낱말이 나타날 것입니다."

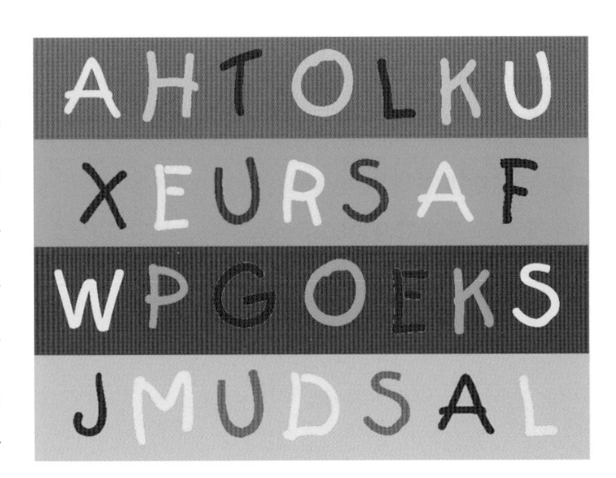

마술사는 모든 관객이 잘 볼 수 있도록 그림을 높이 쳐든 다음 이리저리 흔든다. 실제로 몇 개의 알파벳이 갑

마술상자

개가 꼬리를 흔든다

그림을 이리저리 가볍게 흔들어보자.

이 묘기는 어두운 조명에서 가장 효과적이다. 촛불을 켜놓은 실내나 저녁 어스름 때가 가장 적합하다. 사정이 여의치 않은 경우에는 선글라스를 써도 좋다.

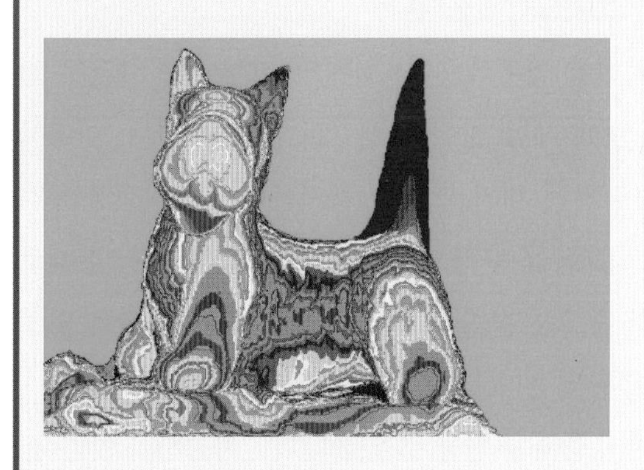

약한 조명 아래에서 그림을 흔들 때의 모습.
그림을 흔들면 개가 꼬리를 흔든다.

그림을 너무 빨리 흔들거나 너무 천천히 흔들지 않도록 한다. 이 묘기가 한 번 성공하면 비슷한 다른 그림으로도 묘기를 부릴 수 있다. 그림은 클수록 더 좋다. 또한 가벼울수록 운동성이 더 좋다. 따라서 책에 나오는 그림들을 확대 복사하는 것이 가장 좋다. 이 묘기는 인쇄 또는 복사된 색깔의 경우에만 유효하다는 점에 유의해야 한다.

자기 춤추기 시작한다.

"호쿠스포쿠스(Hokuspokus, 마술사가 주문으로 외우는 문구 - 옮긴이)." 얀이 그 낱말을 읽는다. 모든 관객이 박수를 친다.

불타오르는 가슴

여러 가지 색을 지닌 평면이 환상적으로 움직이는 듯한 현상을 처음으로 발견한 사람은 프랑스의 물리학자이자 발명가인 샤를 휘트스톤(1802~1875)이다. 그는 1844년 빨간색과 초록색을 지닌 벽 양탄자가 껌벅거리는 가스 등불에 움직이는 듯한 모습을 관찰하였다. 헬름홀츠 이래로 이러한 효과를 '불타오르는 가슴'이라고 한다. 빛의 세기가 일정할 때 어떤 색은 특정한 바탕색과 결합하여 움직인다는 사실이 밝혀졌다. 빨간색은 초록색과 어울려서 움직이고, 보라색은 담청색과 어울려서 움직인다. 예외로 파란색과 노란색은 움직이는 듯한 효과를 기대할 수 없다.

색깔을 움직이게 만드는 이 매혹적인 묘기는 100년 이상이나 깊은 잠에 빠져들었다.

파란색과 노란색은 움직이지 않는다

빨간색과 초록색, 보라색과 담청색은 움직이는 반면에 파란색과 노란색은 움직이지 않는다.

움직이는 색깔들

이 효과에 대한 설명은 개별적인 색깔들의 처리 속도의 차이와 관련이 있다. 어두운 조명에서 이 차이는 더욱 뚜렷해진다. 그럼으로써 우리의 인지 능력은 흔들리는 운동을 더 이상 따라잡지 못한다. 그림이 갑자기 움직이면 여러 가지 색깔들이 서로에 맞서 진동하기 시작한다. 파란색은 초록색이나 빨간색보다 인간의 인지 기관에서 처리하는 속도가 더 느리다. 아마도 그 원인은 진화에 있을 것이다. 인간의 유전질을 연구한 결과에 따르면 인간은 진화 과정에서 빨간색이나 초록색보다는 파란색을 보는 것을 더 일찍 배웠다. 이에 따라 색깔들을 처리하는 시간과 관련하여 색상의 대칭 구조가 상당히 깨졌

파란색

파란색은 초록색이나 빨간색보다 뇌에서 더 늦게 처리된다. 인간의 유전질을 연구한 결과에 따르면 인간은 진화 과정에서 빨간색이나 초록색보다는 파란색을 보는 것을 더 일찍 배웠다.

다는 것을 알 수 있다.

흔들리는 색깔의 쌍

이러한 비대칭은 색깔들의 운동성을 설명하는 근거가 된다. 왜냐하면 비교 가능할 정도로 비슷한 처리 시간을 지닌 색깔의 쌍들이 서로 어울려 흔들리기 때문이다. 우리의 인지 기관에서 색깔들의 처리 시간이 다를 경우에는 그 형체들이 서로 충돌하고 이를 통해 자신의 자리를 벗어나지 않는 것처럼 보인다. 처리 시간이 같을 경우에는 그러한 충돌이 일어나지 않으며 색깔들은 움직이는 것처럼 보인다.

처리 시간

색깔의 쌍들은 색깔의 처리 시간에 따라 나타낼 수 있다. 처리 시간이 가장 느린 파란색은 맨 위에, 처리 시간이 가장 빠른 노란색은 맨 아래에 위치한다. 같은 높이에 있는 모든 색들의 처리 시간은 동일하다. 움직이는 색깔의 쌍들은 보라색과 담청색, 빨간색과 초록색 등이다. 노란색과 파란색은 이러한 쌍을 이루지 못한다.

기울어진 피사탑 바로 세우기

"신사 숙녀 여러분, 이제 세계 최초의 공연을 소개하겠습니다. 이 묘기는 아직 대중 앞에서 한 번도 보여준 적이 없습니다. 그것은 바로 간단한 운동을 통하여 기울어진 피사탑을 수리하는 기술입니다. 이 탑을 수리하기 위해 그 동안 쏟아부은 돈이 얼마나 많은지를 생각

마술상자

기울어진 피사탑 바로 세우기

회전을 통하여 물체의 방향을 바꿀 수 있다. 이 묘기에 가장 적합한 도구는 낡은 전축이다.

1단계

피사탑이 그려진 색 견본을 전축 음반의 크기로 복사하거나 종이 위에 그린 다음 턴테이블에 올려놓는다.

2단계

전축을 회전시키면(분당 45회전하는 것이 가장 좋다) 기울어진 피사탑이 수직으로 세워진다.

이 효과는 뒤의 줄무늬 견본을 이용하면 더욱 뚜렷해진다. 전축이 돌아가자마자 초록색 선은 파란색 선과 평행이 된다. 이와는 달리 노란색 선은 전혀 회전하지 않으며 이전과 같이 비스듬하게 나타난다.

이것 역시 비스듬한 피사탑이 움직이는 것처럼 보이는 현상에 대한 설명이 된다. '불타오르는 가슴'의 효과에서와 똑같은 색 조합은 회전한다는 사실이 밝혀진다.

처리 시간이 같은 색깔들은 여기서도 우리가 인지할 때 자유롭게 움직일 가능성이 있다. 따라서 처리 시간이 지연되는 것을 알 수 있다. 색깔을 지닌 면들은 커다란 관성을 지닌 액체처럼 움직인다.

눈에 보이는 듯한 이러한 회전 현상은 빛에 별로 영향을 받지 않으며 심지어는 정상적인 햇빛 속에서도 가능하다.

그 원인은 아마도 각도의 정확한 비교를 가능케 하는 일정한 회전 운동에 있다. 이러한 경이로운 효과는 아직까지 기술된 바 없다.

해보시기 바랍니다. 저는 더 이상 비용을 들이지 않고서도 이 탑을 바로 세울 수 있습니다."

마술사는 놀란 표정의 관객들에게 기울어진 피사탑의 그림을 보여준다. 원판 안에 담긴 그 그림을 마술사는 유유자적한 동작으로 돌리기 시작한다. 마침내 탑이 서서히 움직이더니 마치 유령의 손에 의한 것처럼 수직으로 세워진다.

"어떻게 저런 일이 가능할까? 믿을 수가 없어." 할아버지가 놀라서 말한다. 그는 아직 이런 것을 본 적이 없다. 그가 받은 감명은 말할 수 없을 정도이다.

연필이 고무가 된다

움직이는 연필

정상적인 연필이 고무로 변할 수 있을까?
이 묘기는 간단하다. 즉 연필의 한쪽 끝을 부드럽게 잡고서 흔들면 연필이 휘어지는 것처럼 보인다.

마술사는 벌써 다음 공연을 예고한다. 이 공연의 제목은 움직이는 연필이다.

"이 연필을 여러분의 눈앞에서 고무로 변화시켜보겠습니다. 최소한 그렇게 보일 것입니다."

그는 연필을 두 손가락으로 들고 부드럽게 움직이기 시작한다. 그러자 연필이 갑자기 고무로 만든 것처럼 보인다.

"이것은 아주 간단해 보여요. 나도 해보고 싶어요." 얀이 환호성을 지른다.

마술사는 얀을 무대로 올라오게 한 다음 그 원리를 설명해준다.

연필 묘기

1단계

연필의 한쪽 끝을 엄지손가락과 집게손가락으로 잡고서 손을 수직으로 빠르게 움직인다. 이때 연필이 위아래로 움직이는 거리가 5cm 이상이 되어서는 안 된다.

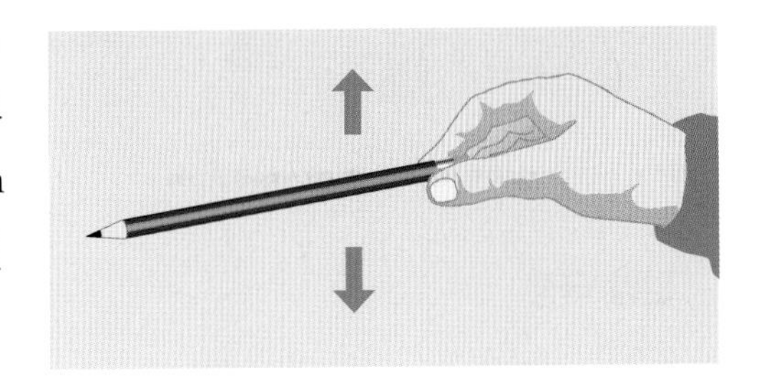

연필을 위아래로 몇 센티미터 이내에서 움직여야 한다.

2단계

연필을 잡고 있는 엄지손가락과 집게손가락이 흔들거리지 않도록 조심한다. 오히려 연필을 느슨하게 잡은 상태에서 손을 위아래로 움직인다. 곧 연필이 휘어지는 듯한 모습이 눈에 들어온다. 연필은 마치 고무로 만들어진 것처럼 출렁인다.

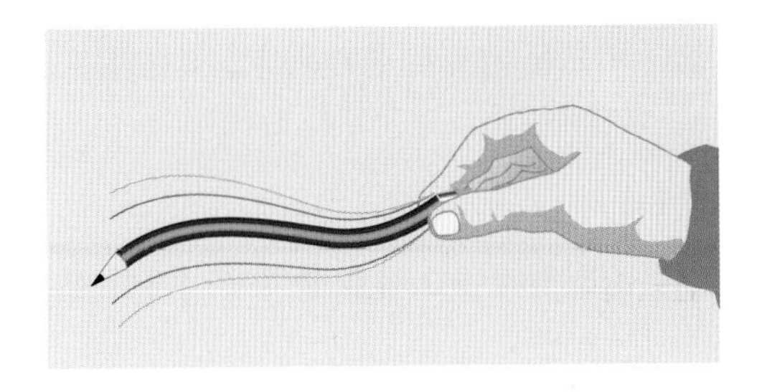

연필을 잡은 손을 부드럽게 움직일수록 연필은 더 휘어지는 것처럼 보인다.

마술사는 관객들에게 네 개의 그림을 보여준다. 그는 이것들을 작은 손 기구 안에 집어넣고 회전시킨다. 잠시 후 개별 그림들은 보이지 않고 일종의 운동만이 나타난다. 이것은 마치 마술사가 자신의 모자 안에 토끼 한 마리를 집어넣고 다시 꺼내는 동작을 반복하는 것처럼 보인다. 이 묘기에서 개별 그림들은 차례로 매우 빠르게 움직인다. 눈이 개별 그림들을 더 이상 구분할 수 없기 때문에 그것들은 연결 동작으로 보인다.

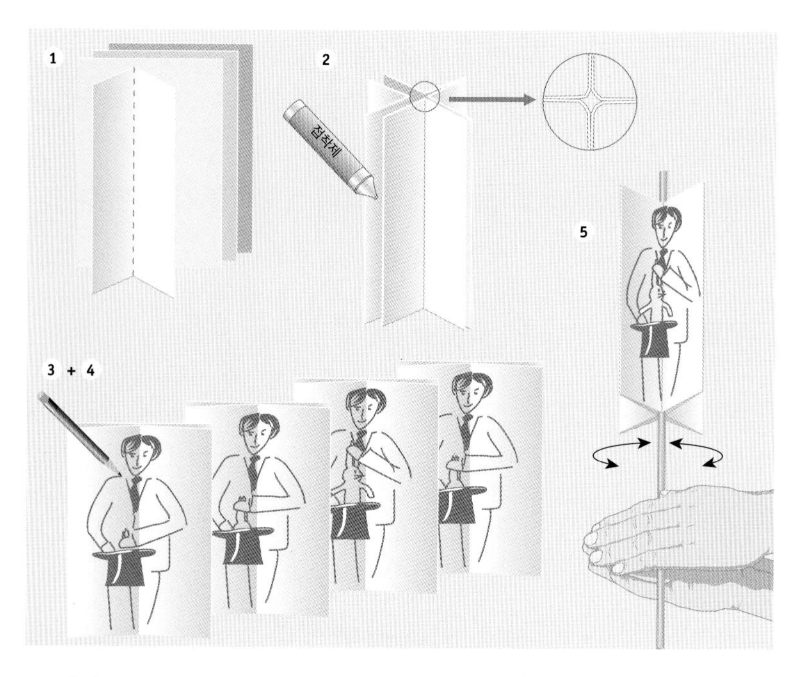

안방 극장

간단한 이 공연을 위해서는 가느다란 나무 막대기, 우편엽서 크기의 하얀 카드 네 장이 필요하다.

1단계

모든 카드를 가로로 한가운데를 접는다.

2단계

그것들을 겹쳐놓고 서로 붙여서 사각의 별 모양이 되도록 한다.

3단계

첫 번째 카드에 토끼를 붙잡고 있는 마술사를 그린다. 이때 연필에 힘을 가해서 그림 자국이 다른 카드에도 나타나도록 한다. 이런 방식으로 네 장의 카드에 똑같은 크기의 그림을 그릴 수 있다.

4단계

다른 카드들에는 각각 첫 번째 카드와는 다른 자세를 취한 마술사를 그린다. 이 자세들은 완성된 필름의 운동이 자연스럽게 이루어지도록 서로 비슷해야 한다.

5단계

네 장의 카드에 완성된 그림을 막대기 한가운데에 끼운다. 이 막대기를 두 손바닥 사이에 끼워넣고 이리저리 돌린다. 그러면 개별 그림 대신에 연속적인 동작이 나타난다.

앙코르

박수 갈채가 계속되자 마술사가 다시 한 번 무대로 나와 관객에게 인사를 한다. "대단히 감사합니다. 앙코르 공연을 위해 마지막 그림을 가져왔습니다. 옆의 그림에 씌어진 낱말을 읽어보십시오. 아마도 낱말을 읽어내기가 만만치 않을 것입니다. 그러나 이것을 눈과 수평으로 한 상태에서 바라보면 그 내용을 쉽게 읽을 수 있습니다."

그렇게 하자 금방 그 내용이 눈에 들어온다.

마술사는 웃음을 띠며 정중하게 몸을 굽혀 인사를 한 다음 고양이에게 작별 선물로 국수를 건네준다. 고양이도 살며시 미소를 짓고는 즉시 국수에 달려든다.

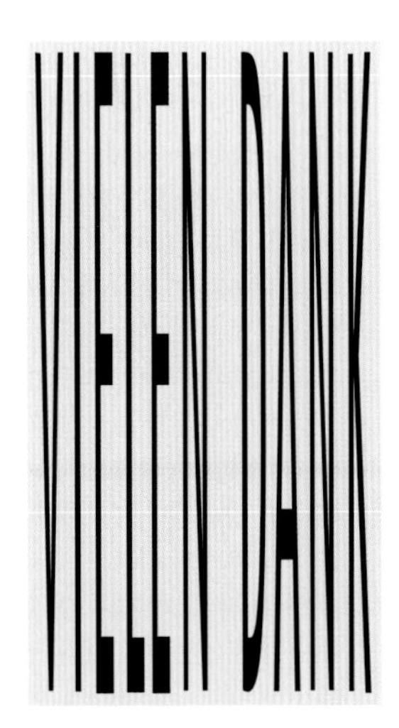

대단히 감사합니다.

맺는말

이로써 여러 가지 공연을 비롯하여 물리학의 경이로운 세계로의 여행이 잠정적으로 끝을 맺는다. 몇 가지 이유에서 잠정적이다. 한 가지 이유는 우리의 여행이 완전한 것이 아닐뿐더러 근대 물리학의 많은 부분은 미처 다루지 못했기 때문이다. 상대성 이론에 관한 새롭고도 중요한 지식, 양자 역학, 자체적 조직, 카오스 이론, 천문학, 미립자 이론 등은 거론하지 않았다. 또 다른 이유는 이 책의 주제들이 그 자체로 완결되었다는 점에 있다. 이 주제들은 20세기로의 전환기에 완결된 것으로 간주된 것들이다. 이 시기에는 물리학을 통해 세계를 완전히 설명할 수 있다는 견해가 지배적이었다. 근대의 가장 위대하고 영향력이 큰 물리학자인 앨버트 아인슈타인이 우리로 하여금 그 문턱을 넘어서게 해주었다. 그는 자연과학에 신선한 바람을 불어넣었다. 그의 상대성 이론은 인간이 지금까지 해온 사고의 최고봉에 자리잡고 있으며 여러 세대의 사람들에게 지구 · 시간 · 우주 등에 관한 새로운 통찰과 전망을 제공해주었다.

얀과 할아버지는 서커스 단장의 차를 타고 집으로 돌아갔다.

얀이 차에서 내리면서 묻는다. "물리학의 미래는 어떨까요?"

"그것에 관한 대답을 지금 당장 해줄 수는 없단다. 현재의 물리학은 마치 새로운 문턱에 서 있는 것처럼 보이거든. 지금까지 물리학의 발전은 도약이라고 부를 수 있을 정도야. 새로운 이론과 사고 방식이 제기되기가 무섭게 물리학은 숨돌릴새 없이 빠르게 발전했지. 무엇

잠정적인 학문
물리학 자체는 항상 잠정적이다. 정확히 말해서 이러한 잠정적인 성격은 물리학의 강점이다. 왜냐하면 물리학은 모든 새로운 조류에 전향적으로 적응할 능력이 있기 때문이다. 지금까지의 이론 체계를 확장하기 위해서는 두 가지 조건만 충족시키면 된다. 첫째, 이 확장 부분은 관찰을 통해 검증 가능해야 한다. 둘째, 이것은 옳다고 증명된 기존의 특성을 보편적 새로운 이론의 특수한 경우로서 포함시켜야 한다. 그런 의미에서 뉴턴의 고전 역학은 아인슈타인의 상대성 이론의 특수한 경우이다. 물리학의 이러한 잠정적인 성격은 물리학에 관한 책이 왜 항상 잠정적일 수밖에 없는지에 대한 또 다른 근거이다. 그 때문에 이 책도 물론 잠정적이다.

인가가 눈앞에 와 있다는 것이 나의 진단이야."

"나는 마지막으로 이 책을 읽는 독자들에게 무엇인가를 조언해주고 싶군요." 할아버지가 대문 앞에 서서 말한다. "내 생각에 물리학과 자연과학적인 계기는 점점 더 인간이 감당할 수 없을 만큼 강력해지는 것 같아요. 마치 인간의 감정은 논리의 힘에 뒷전으로 밀려나는 것처럼 보입니다. 무의식 속에서도 인간이 물리학을 통해 발견한 사실에 적응할 수 있을 때에만 조화로운 삶이 기술과 균형을 이룰 수 있다고 믿어요. 왜냐하면 기술은 단추 하나를 잘못 누르는 실수만으로도 지구를 멸망시킬 수 있을 만큼 위험하기 때문이지요. 또는 진보가 우리 환경에 상상을 초월한 큰 해를 끼칠 수도 있어요. 인간 의식의 점증하는 불균형으로 인하여 지구에서의 삶은 점점 불안정해지고 있거든요."

"그런 일을 방지하려면 어떻게 해야 할까요?" 단장이 궁금해 한다.

"인간은 예를 들어 이 책을 통해서 물리학과 자연의 경이로운 힘을 수시로 인식하면서 기술과의 균형 속에서 살아가려고 노력할 수 있을 거예요. 더 극단적인 방법도 있겠지요. 가령 몇 년간 모든 연구를 동결하고 과학자들을 학교에 교사로 보내는 겁니다. 이를 통해 그들과 인류는 자연과의 더 나은 교류를 생각해볼 시간을 가질 수 있겠지요."

"좋은 생각이에요." 얀이 말한다. "하지만 지금까지 지구가 발전해 온 수억 년과 비교하면 그 몇 년은 아무 것도 아닐지 몰라요."

"맞다!" 멀리 위에서 친숙한 목소리가 들려온다. 그 목소리는 이 책의 머리말에서보다 더 다정하게 들린다.

세 사람은 작별 인사를 나눈다. 그들은 독자가 이 책을 읽으면서

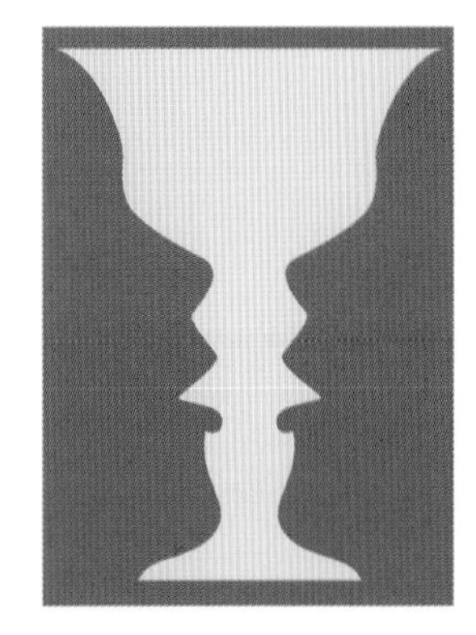
꽃병 또는 두 얼굴?

물리학의 기적을 따라해본 작업이 기쁨을 주었기를 바란다.

그들은 아르키메데스에서 시작하여 아인슈타인에 이르기까지 모든 물리학자들에게 감사를 표한다. 이밖에도 그들이 감사를 표한 사람들의 이름은 다음과 같다.

요헨 홀츠, 라이너 루츠, 아르민 쿤, 이레네 디칭어, 로베르트 디칭어, 파트릭 포, 시빌레 티러, 볼프강 홀츠바르트, 크리스토프 파니, 마리온 슈라이너, 마티나 그루프, 빌 맥린, 스코트 켈소, 아르민 푹스.

물리학으로의 모험 여행

물리학에 대한 일반적인 인상은 딱딱하고 골치 아픈 학문이라는 것이다. 특히 열악한 교육환경에서 물리학을 이론적으로만 공부한 어른들은 이러한 인상에서 쉽게 벗어날 수 없다. 하지만 교육 여건이 예전보다 월등히 개선되었다고 장담할 수 없는 현재의 상황에서 요즘의 학생들도 비슷한 고민을 하고 있을지도 모른다. 그런 의미에서 디칭어의 이 책은 물리학 공부에 대한 우려를 깨끗이 불식시켜줄 수 있는 하나의 모범적인 사례라고 할 수 있다.

지은이는 물리학의 법칙 · 공식 · 가설 등의 이론을 다룰 때 무엇보다도 우리 일상 생활에서 쉽게 접할 수 있는 현상들, 이를테면 당구공이나 팽이를 대상으로 한 실험을 통해 학생 스스로 생각하고 원리를 터득할 수 있도록 해준다. 또한 폐품을 이용하여 간단한 자동차 · 전기 모터 · 전화기 · 라디오 · 카메라 · 잠망경 등을 직접 만들어볼 수 있도록 도와줌으로써 물리학에 대한 흥미를 북돋운다. 이론적인 설명 역시 일방통행식이 아니라 얀이라는 꼬마와 그 할아버지 사이의 재치 있는 대화를 통해 알기 쉽고 자연스럽게 이루어진다. 두 사람은 서커스 구경을 하거나 하와이 해변을 산책하는 과정에서 물리학적 현상을 발견하고 그 원리들을 하나씩 점검해 나간다. 이와 관련한 수많은 에피소드들은 아무런 저항감 없이 학문적 이론에 접근할 수 있는 장점을 지니고 있다.

지은이는 이 책의 목적을 '자연과 역학의 현상 및 법칙들을 논리적인 방법으로 가능한 한 간단하고 이해하기 쉽게 설명'하는 데 두고 있다. 물리학적 현상의 이해는 '사과는 왜 밑으로 떨어질까? 고무 풍선은 왜 공중으로 날아갈까? 나침반의 바늘은 어째서 북극 방향을 가리킬까? 피겨 스케이팅 선수가 공중 회전을 하고 지구가 자전을 하는 비결은 무엇일까?' 등처럼 매우 평범해 보이는 질문에서부터 시작한다. 이러한 질문들에 대답하는 형식인 이 책은 중력 · 공기 · 물 · 전기 · 빛에 관한 내용으로 이루어져 있다.

제1장 중력 부분에서는 뉴턴의 운동 법칙(관성의 법칙, 작용의 법칙과 작용-반작용의 법칙)을 비롯하여 구심력과 원심력, 무게 중심, 관성 모멘트 등을 다룬다. 제2장에서는 기체 · 기류 · 바람의 생성 원리와 함께 풍차 · 바람개비 · 비행기 · 로켓 등이 어떻게 움직이는가에 대한 흥미진진한 실험이 이루어진다. 물과 관련한 제3장에서는 표면장력 · 수증기 · 얼음 · 비중 · 파도와 해일에 관한 설명과 함께 잠수함의 원리를 탐구한다. 제4장에서는 전류 · 전압 · 저항 · 나침반 · 자석 등과 같은 전자기 현상, 피뢰침과 번개의 관계가 밝혀진다. 마지막으로 빛과 관련한 제5장에서는 빛의 굴절과 카메라, 망원경의 원리 등에 관한 다양한 접근 방식이 제시된다.

또한 이 책은 아르키메데스에서 시작하여 파스칼, 뉴턴을 거쳐 아인슈타인에 이르기까지 수많은 물리학자들의 업적, 다이달로스와 이카로스가 등장하는 그리스 신화, 라이트 형제의 비행 등과 관련한 역사적 사실들을 보여줌으로써 물리학 전체에 대한 안목을 넓혀준다.

따분하고 골머리 썩는 학문으로만 여겨왔던 물리학에 대해 지은이 디칭어는 이렇게 말한다.

"대부분의 질문에 대한 답을 얻기 위해 활용할 수 있는 강력한 도구가 물리학이다. 모든 위대한 발명들은 물리학의 도움을 받아 이룩하였으며 그 과정을 설명할 수 있었다."

여기에서 중요한 것은 우리가 그냥 지나치기 쉬운 아주 작은 현상들도 물리학의 역사를 다시 쓰게 만드는 계기가 될 수 있다는 점이다. 따라서 창조적인 실험이나 체험은 물리학의 중요한 현상을 이해하고 실제 생활에 적용할 수 있는 원리를 깨닫게 해준다. 물리학과 자연의 경이로운 힘을 인식한다는 것은 더 나아가 인간이 자연과 기술 사이에서 균형을 유지하며 살아가려는 노력의 일환이기도 하다.

지식보다 상상력과 창의력이 중요한 시대, 청소년은 물론 흥미로운 물리학에서 소외되었던 어른들까지 이 책을 통해 강력한 도구 하나씩을 마련하길 바란다.

지금 곁에 있는 모든 것들을 바라보며 맘껏 상상해보자. 그때 떠오르는 의문들을 소홀히 여기지 말며, 쉽게 이해하지 말자.

2002년 1월
권세훈